はじめに

Microsoft Word 2016は、やさしい操作性と優れた機能を兼ね備えたワープロソフトです。

本書は、初めてWordをお使いになる方を対象に、文字の入力、文書の作成や編集、印刷、表の作成、画像の挿入など基本的な機能と操作方法をわかりやすく解説しています。また、練習問題を豊富に用意しており、問題を解くことによって理解度を確認でき、着実に実力を身に付けられます。

本書は、経験豊富なインストラクターが、日ごろのノウハウをもとに作成しており、講習会や授業の教材としてご利用いただくほか、自己学習の教材としても最適なテキストとなっております。

本書を通して、Wordの知識を深め、実務にいかしていただければ幸いです。

本書を購入される前に必ずご一読ください

本書は、2016年3月現在のWord 2016（16.0.4312.1000）に基づいて解説しています。Windows Updateによって機能が更新された場合には、本書の記載のとおりに操作できなくなる可能性があります。あらかじめご了承のうえ、ご購入・ご利用ください。

2016年5月15日
FOM出版

◆Microsoft、Windowsは、米国Microsoft Corporationの米国およびその他の国における登録商標または商標です。
◆その他、記載されている会社および製品などの名称は、各社の登録商標または商標です。
◆本文中では、TMや®は省略しています。
◆本文中のスクリーンショットは、マイクロソフトの許可を得て使用しています。
◆本文およびデータファイルで題材として使用している個人名、団体名、商品名、ロゴ、連絡先、メールアドレス、場所、出来事などは、すべて架空のものです。実在するものとは一切関係ありません。

Contents 目次

■ 本書をご利用いただく前に …………………………………………………… 1

■ 第1章　Wordの基礎知識 ………………………………………………… 6

Step1　Wordの概要 ……………………………………………………… 7
● 1　Wordの概要 …………………………………………………… 7

Step2　Wordを起動する ………………………………………………… 9
● 1　Wordの起動 …………………………………………………… 9
● 2　Wordのスタート画面 ………………………………………… 10

Step3　文書を開く ……………………………………………………… 11
● 1　文書を開く …………………………………………………… 11

Step4　Wordの画面構成 ……………………………………………… 13
● 1　Wordの画面構成 …………………………………………… 13
● 2　画面のスクロール …………………………………………… 15
● 3　Wordの表示モード ………………………………………… 17
● 4　表示倍率の変更 ……………………………………………… 19

Step5　文書を閉じる …………………………………………………… 21
● 1　文書を閉じる ………………………………………………… 21

Step6　Wordを終了する ……………………………………………… 23
● 1　Wordの終了 ………………………………………………… 23

■ 第2章　文字の入力 …………………………………………………… 24

Step1　新しい文書を作成する ………………………………………… 25
● 1　新しい文書の作成 …………………………………………… 25

Step2　IMEを設定する ………………………………………………… 26
● 1　IME …………………………………………………………… 26
● 2　入力モード …………………………………………………… 26
● 3　ローマ字入力とかな入力 …………………………………… 27

Step3　文字を入力する ………………………………………………… 28
● 1　英数字の入力 ………………………………………………… 28
● 2　記号の入力 …………………………………………………… 29
● 3　ひらがなの入力（ローマ字入力）…………………………… 30
● 4　ひらがなの入力（かな入力）………………………………… 31
● 5　入力中の文字の削除 ………………………………………… 32
● 6　入力中の文字の挿入 ………………………………………… 33

Step4	文字を変換する	34
	●1　漢字に変換	34
	●2　変換候補一覧からの選択	35
	●3　カタカナに変換	36
	●4　再変換	36
Step5	文章を変換する	38
	●1　文章の変換	38
	●2　文節単位の変換	38
	●3　一括変換	39
	●4　文節ごとの変換	39
	●5　文節区切りの変更	40
Step6	文書を保存する	42
	●1　名前を付けて保存	42

■第3章　文書の作成　44

Step1	作成する文書を確認する	45
	●1　作成する文書の確認	45
Step2	ページレイアウトを設定する	46
	●1　ページレイアウトの設定	46
Step3	文章を入力する	48
	●1　編集記号の表示	48
	●2　日付の挿入	48
	●3　頭語と結語の入力	50
	●4　あいさつ文の挿入	50
	●5　記書きの入力	52
Step4	範囲を選択する	53
	●1　範囲選択	53
	●2　文字の選択	53
	●3　行の選択	54
Step5	文字を削除・挿入する	55
	●1　削除	55
	●2　挿入	56
Step6	文字をコピー・移動する	57
	●1　コピー	57
	●2　移動	59

Contents

Step7 文章の体裁を整える …………………………………………… 61
- 1 中央揃え・右揃え ……………………………………………… 61
- 2 インデントの設定 ……………………………………………… 62
- 3 フォント・フォントサイズの設定 ……………………………… 63
- 4 太字・斜体・下線の設定 ……………………………………… 64
- 5 文字の均等割り付けの設定 …………………………………… 66
- 6 段落番号の設定 ………………………………………………… 67

Step8 文書を印刷する ………………………………………………… 68
- 1 印刷する手順 …………………………………………………… 68
- 2 印刷イメージの確認 …………………………………………… 68
- 3 ページレイアウトの設定 ……………………………………… 69
- 4 印刷 ……………………………………………………………… 70

練習問題 ………………………………………………………………… 71

■第4章 表の作成 ……………………………………………………… 74

Step1 作成する文書を確認する ……………………………………… 75
- 1 作成する文書の確認 …………………………………………… 75

Step2 表を作成する …………………………………………………… 76
- 1 表の作成 ………………………………………………………… 76
- 2 文字の入力 ……………………………………………………… 77

Step3 表の範囲を選択する …………………………………………… 78
- 1 セルの選択 ……………………………………………………… 78
- 2 行の選択 ………………………………………………………… 79
- 3 列の選択 ………………………………………………………… 79
- 4 表全体の選択 …………………………………………………… 80

Step4 表のレイアウトを変更する …………………………………… 81
- 1 行の挿入 ………………………………………………………… 81
- 2 列幅の変更 ……………………………………………………… 82
- 3 表のサイズ変更 ………………………………………………… 83

Step5 表に書式を設定する …………………………………………… 84
- 1 セル内の配置の変更 …………………………………………… 84
- 2 表の配置の変更 ………………………………………………… 86
- 3 罫線の種類や太さの設定 ……………………………………… 87
- 4 セルの塗りつぶしの設定 ……………………………………… 89

Step6	表にスタイルを適用する	90
	●1 表のスタイルの適用	90
	●2 表スタイルのオプションの設定	91
Step7	水平線を挿入する	93
	●1 水平線の挿入	93
練習問題		94

■第5章　グラフィック機能の利用 …… 96

Step1	作成する文書を確認する	97
	●1 作成する文書の確認	97
Step2	ワードアートを挿入する	98
	●1 ワードアート	98
	●2 ワードアートの挿入	98
	●3 ワードアートのフォント・フォントサイズの設定	100
	●4 ワードアートの形状の設定	102
	●5 ワードアートの移動	104
Step3	画像を挿入する	105
	●1 画像	105
	●2 画像の挿入	105
	●3 文字列の折り返しの設定	107
	●4 画像のサイズ変更と移動	109
	●5 図のスタイルの適用	111
	●6 画像の枠線の設定	112
Step4	ページ罫線を設定する	114
	●1 ページ罫線の設定	114
練習問題		116

■総合問題 …… 118

総合問題1	119
総合問題2	122
総合問題3	125
総合問題4	127
総合問題5	129

Contents

■解答 ……………………………………………………………… 132

練習問題解答 ………………………………………………… 133
総合問題解答 ………………………………………………… 136

■付録1　Windows 10の基礎知識 ……………………………… 144

Step1　Windowsの概要 ……………………………………… 145
●1　Windowsとは ……………………………………… 145
●2　Windows 10とは …………………………………… 145

Step2　マウス操作とタッチ操作 ……………………………… 146
●1　マウス操作 ………………………………………… 146
●2　タッチ操作 ………………………………………… 147

Step3　Windows 10の起動 …………………………………… 148
●1　Windows 10の起動 ………………………………… 148

Step4　Windowsの画面構成 ………………………………… 149
●1　デスクトップの画面構成 …………………………… 149
●2　スタートメニューの表示 …………………………… 150
●3　スタートメニューの確認 …………………………… 151

Step5　ウィンドウの基本操作 ………………………………… 152
●1　アプリの起動 ……………………………………… 152
●2　ウィンドウの画面構成 …………………………… 154
●3　ウィンドウの最大化 ……………………………… 155
●4　ウィンドウの最小化 ……………………………… 156
●5　ウィンドウの移動 ………………………………… 157
●6　ウィンドウのサイズ変更 ………………………… 158
●7　アプリの終了 ……………………………………… 160

Step6　ファイルの基本操作 …………………………………… 161
●1　ファイル管理 ……………………………………… 161
●2　ファイルのコピー ………………………………… 161
●3　ファイルの削除 …………………………………… 163

Step7　Windows 10の終了 …………………………………… 167
●1　Windows 10の終了 ………………………………… 167

■付録2　Office 2016の基礎知識 …………………… 168

Step1　コマンドの実行方法 ………………………… 169
- ●1　コマンドの実行 …………………………… 169
- ●2　リボン ……………………………………… 169
- ●3　バックステージビュー …………………… 172
- ●4　ミニツールバー …………………………… 173
- ●5　クイックアクセスツールバー …………… 173
- ●6　ショートカットメニュー ………………… 174
- ●7　ショートカットキー ……………………… 174

Step2　タッチモードへの切り替え ………………… 175
- ●1　タッチ対応ディスプレイ ………………… 175
- ●2　タッチモードへの切り替え ……………… 175

Step3　Wordのタッチ操作 …………………………… 177
- ●1　タップ ……………………………………… 177
- ●2　スライド …………………………………… 178
- ●3　ズーム ……………………………………… 179
- ●4　ドラッグ …………………………………… 180
- ●5　長押し ……………………………………… 181

Step4　タッチキーボード …………………………… 182
- ●1　タッチキーボード ………………………… 182

Step5　タッチ操作の範囲選択 ……………………… 185
- ●1　文字の選択 ………………………………… 185
- ●2　表の選択 …………………………………… 186

Step6　操作アシストの利用 ………………………… 187
- ●1　操作アシスト ……………………………… 187
- ●2　操作アシストを使ったコマンドの実行 … 187
- ●3　操作アシストを使ったヘルプ機能の実行 …… 188

■索引 …………………………………………………… 190

■ローマ字・かな対応表 ……………………………… 197

Introduction 本書をご利用いただく前に

本書で学習を進める前に、ご一読ください。

1 本書の記述について

操作の説明のために使用している記号には、次のような意味があります。

記述	意味	例
□	キーボード上のキーを示します。	Ctrl Enter
□＋□	複数のキーを押す操作を示します。	Ctrl ＋ End （Ctrl を押しながら End を押す）
《　》	ダイアログボックス名やタブ名、項目名など画面の表示を示します。	《ファイルを開く》ダイアログボックスが表示されます。《挿入》タブを選択します。
「　」	重要な語句や機能名、画面の表示、入力する文字などを示します。	「スクロール」といいます。「拝啓」と入力します。

 知っておくべき重要な内容

 知っていると便利な内容

 学習の前に開くファイル

※ 補足的な内容や注意すべき内容

 学習した内容の確認問題

Let's Try Answer　確認問題の答え

 問題を解くためのヒント

2 製品名の記載について

本書では、次の名称を使用しています。

正式名称	本書で使用している名称
Windows 10	Windows 10 または Windows
Microsoft Word 2016	Word 2016 または Word

3 学習環境について

本書を学習するには、次のソフトウェアが必要です。
また、インターネットに接続できる環境で学習することを前提にしています。

●Word 2016

本書を開発した環境は、次のとおりです。
・OS：Windows 10（ビルド10586.104）
・アプリ：Microsoft Office Professional Plus 2016（16.0.4312.1000）
　　　　　Microsoft Word 2016
・ディスプレイ：画面解像度　1024×768ピクセル
※環境によっては、画面の表示が異なる場合や記載の機能が操作できない場合があります。

◆画面解像度の設定
画面解像度を本書と同様に設定する方法は、次のとおりです。
①デスクトップの空き領域を右クリックします。
②《ディスプレイ設定》をクリックします。
③《ディスプレイの詳細設定》をクリックします。
④《解像度》の ∨ をクリックし、一覧から《1024×768》を選択します。
⑤《適用》をクリックします。
※確認メッセージが表示される場合は、《変更の維持》をクリックします。

◆ボタンの形状
ディスプレイの画面解像度やウィンドウのサイズなど、お使いの環境によって、ボタンの形状やサイズが異なる場合があります。ボタンの操作は、ポップヒントに表示されるボタン名を確認してください。
※本書に掲載しているボタンは、ディスプレイの画面解像度を「1024×768ピクセル」、ウィンドウを最大化した環境を基準にしています。

4 学習ファイルのダウンロードについて

本書で使用するファイルは、FOM出版のホームページで提供しています。ダウンロードしてご利用ください。

ホームページ・アドレス

http://www.fom.fujitsu.com/goods/

ホームページ検索用キーワード

FOM出版

本書をご利用いただく前に

◆ダウンロード

学習ファイルをダウンロードする方法は、次のとおりです。
① ブラウザーを起動し、FOM出版のホームページを表示します。
※アドレスを直接入力するか、キーワードでホームページを検索します。
②《ダウンロード》をクリックします。
③《アプリケーション》の《Word》をクリックします。
④《初心者のためのWord 2016（FPT1605）》の「fpt1605.zip」をクリックします。
⑤ ダウンロードが完了したら、ブラウザーを終了します。
※ダウンロードしたファイルは、パソコン内のフォルダー「ダウンロード」に保存されます。

◆ダウンロードしたファイルの解凍

ダウンロードしたファイルは圧縮されているので、解凍（展開）します。
ダウンロードしたファイル「fpt1605.zip」を《ドキュメント》に解凍する方法は、次のとおりです。

① デスクトップ画面を表示します。
② タスクバーの ■ （エクスプローラー）をクリックします。

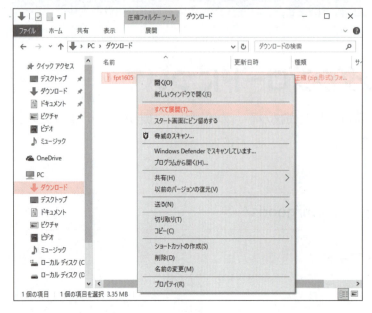

③《ダウンロード》をクリックします。
※《ダウンロード》が表示されていない場合は、《PC》をダブルクリックします。
④ ファイル「fpt1605」を右クリックします。
⑤《すべて展開》をクリックします。

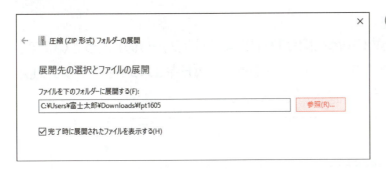

⑥《参照》をクリックします。

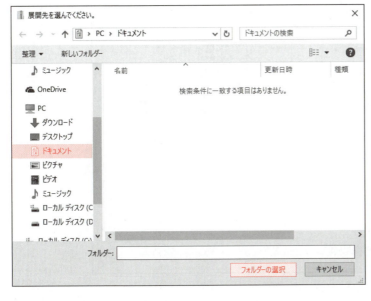

⑦《ドキュメント》をクリックします。
※《ドキュメント》が表示されていない場合は、《PC》をダブルクリックします。
⑧《フォルダーの選択》をクリックします。

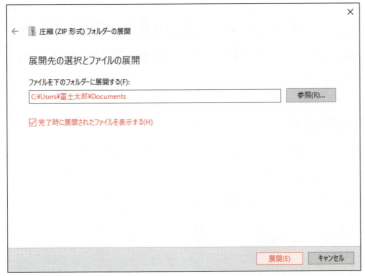

⑨《ファイルを下のフォルダーに展開する》が「C:¥Users¥(ユーザー名)¥Documents」に変更されます。
⑩《完了時に展開されたファイルを表示する》を☑にします。
⑪《展開》をクリックします。

⑫ファイルが解凍され、《ドキュメント》が開かれます。
⑬フォルダー「初心者のためのWord 2016」が表示されていることを確認します。
※すべてのウィンドウを閉じておきましょう。

◆学習ファイルの一覧

フォルダー「初心者のためのWord2016」には、学習ファイルが入っています。タスクバーの ■ (エクスプローラー)→《PC》→《ドキュメント》をクリックし、一覧からフォルダーを開いて確認してください。

◆学習ファイルの場所

本書では、学習ファイルの場所を《ドキュメント》内のフォルダー「初心者のためのWord2016」としています。《ドキュメント》以外の場所に解凍した場合は、フォルダーを読み替えてください。

◆学習ファイル利用時の注意事項

ダウンロードした学習ファイルを開く際、そのファイルが安全かどうかを確認するメッセージが表示される場合があります。学習ファイルは安全なので、《編集を有効にする》をクリックして、編集可能な状態にしてください。

5 本書の最新情報について

本書に関する最新のQ&A情報や訂正情報、重要なお知らせなどについては、FOM出版のホームページでご確認ください。

ホームページ・アドレス

http://www.fom.fujitsu.com/goods/

ホームページ検索用キーワード

FOM出版

第1章 Chapter 1
Wordの基礎知識

Step1	Wordの概要	7
Step2	Wordを起動する	9
Step3	文書を開く	11
Step4	Wordの画面構成	13
Step5	文書を閉じる	21
Step6	Wordを終了する	23

Step 1 Wordの概要

1 Wordの概要

「Word」は、文書を作成するためのワープロソフトです。効率よく文字を入力したり、表や画像・図形などを使って表現力豊かな文書を作成したりできます。
Wordの基本機能を確認しましょう。

1 文字の入力

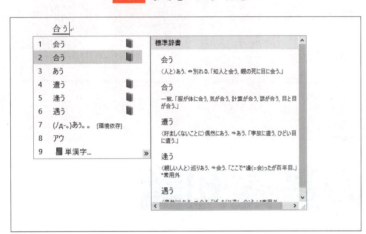

日本語入力システム「IME」を使って文字をスムーズに入力できます。
入力済みの文字を再変換したり、入力内容から予測候補を表示したり、読めない漢字を検索したりする便利な機能が搭載されています。

2 ビジネス文書の作成

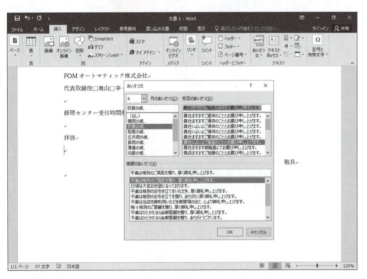

定型のビジネス文書を効率的に作成できます。頭語と結語・あいさつ文・記書きなどの入力をサポートする機能が充実しています。

3 表の作成

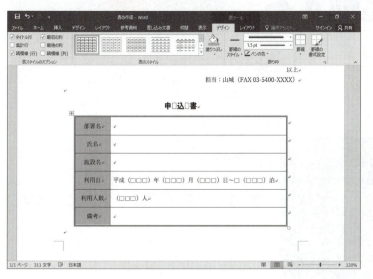

行数や列数を指定するだけで簡単に表を作成できます。行や列を挿入・削除したり、列幅や行の高さを変更したりできます。また、罫線の種類や太さ、色などを変更することもできます。

4 文字の装飾

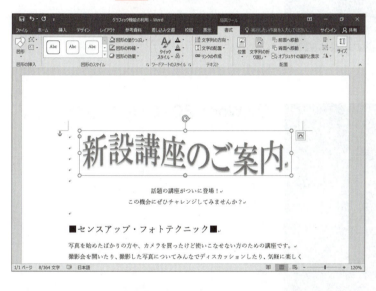

魅力的なタイトルやロゴを作成できます。文字に色を付けたり、下線を付けたりすることはもちろん、文字に影・反射・光彩などの視覚効果を付けて装飾できます。

5 表現力のある文書の作成

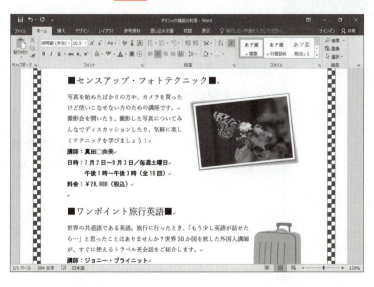

画像、図形などを挿入して表現力のある文書を作成できます。また、スタイルの機能を使って、画像や図形、表などに洗練されたデザインを瞬時に適用して見栄えを整えることができます。

Step2 Wordを起動する

1 Wordの起動

Wordを起動しましょう。

① ⊞（スタート）をクリックします。
スタートメニューが表示されます。
②《すべてのアプリ》をクリックします。

③《Word 2016》をクリックします。

Wordが起動し、Wordのスタート画面が表示されます。
④タスクバーに ■ が表示されていることを確認します。
※ウィンドウが最大化されていない場合は □（最大化）をクリックしておきましょう。

2 Wordのスタート画面

Wordが起動すると、**「スタート画面」**が表示されます。スタート画面でこれから行う作業を選択します。スタート画面を確認しましょう。

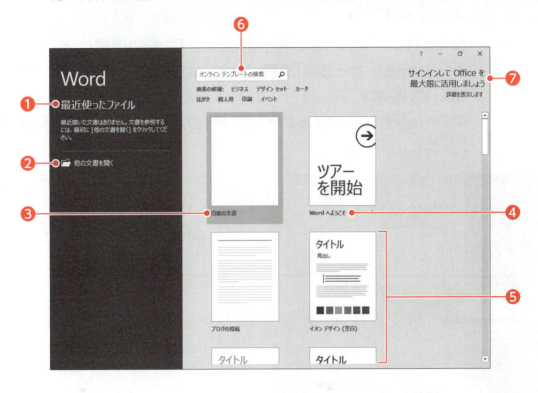

❶最近使ったファイル
最近開いた文書がある場合、その一覧が表示されます。
一覧から選択すると、文書が開かれます。

❷他の文書を開く
すでに保存済みの文書を開く場合に使います。

❸白紙の文書
新しい文書を作成します。
何も入力されていない白紙の文書が表示されます。

❹Wordへようこそ
Word 2016の新機能を紹介する文書が開かれます。

❺その他の文書
新しい文書を作成します。
あらかじめ書式が設定された文書が表示されます。

❻検索ボックス
あらかじめ書式が設定された文書をインターネット上から検索する場合に使います。

❼サインイン
複数のパソコンで文書を共有する場合や、インターネット上で文書を利用する場合に使います。

Step3 文書を開く

1 文書を開く

保存されているファイルを表示することを「**ファイルを開く**」といいます。
また、Wordのファイルは「**文書**」といい、Wordのファイルを開くことを「**文書を開く**」といいます。
スタート画面から、フォルダー「**第1章**」の文書「**Wordの基礎知識**」を開きましょう。

①スタート画面が表示されていることを確認します。
②《他の文書を開く》をクリックします。

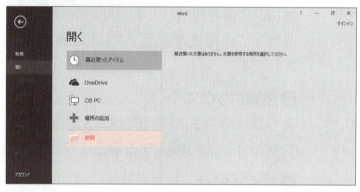

文書が保存されている場所を選択します。
③《参照》をクリックします。

《ファイルを開く》ダイアログボックスが表示されます。
④《ドキュメント》が開かれていることを確認します。
※《ドキュメント》が開かれていない場合は、《PC》→《ドキュメント》をクリックします。
⑤一覧から「**初心者のためのWord2016**」を選択します。
⑥《開く》をクリックします。

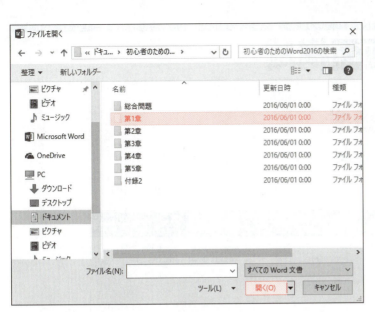

⑦一覧から「**第1章**」を選択します。
⑧《**開く**》をクリックします。

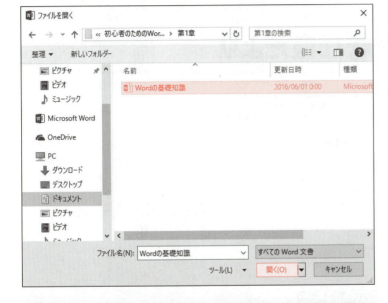

開く文書を選択します。
⑨一覧から「**Wordの基礎知識**」を選択します。
⑩《**開く**》をクリックします。

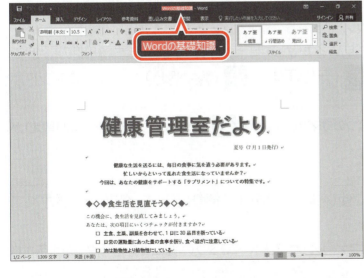

文書が開かれます。
⑪タイトルバーに文書の名前が表示されていることを確認します。

> **POINT ▶▶▶**
>
> **文書を開く**
> Wordを起動した状態で、既存の文書を開く方法は、次のとおりです。
> ◆《ファイル》タブ→《開く》

Step4 Wordの画面構成

1 Wordの画面構成

Wordの画面構成を確認しましょう。

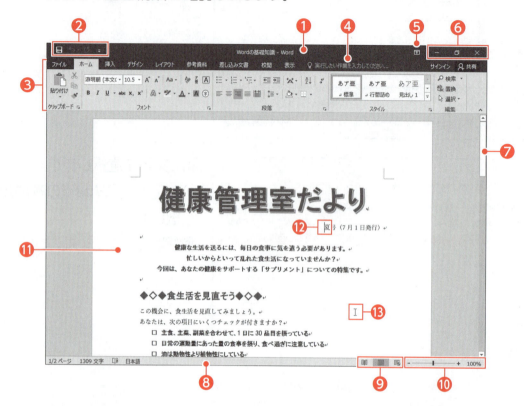

❶ **タイトルバー**

ファイル名やアプリ名が表示されます。

❷ **クイックアクセスツールバー**

よく使うコマンド（作業を進めるための指示）を登録できます。初期の設定では、■（上書き保存）、■（元に戻す）、■（繰り返し）の3つのコマンドが登録されています。

※タッチ対応のパソコンでは、3つのコマンドのほかに ■（タッチ/マウスモードの切り替え）が登録されています。

❸ **リボン**

コマンドを実行するときに使います。関連する機能ごとに、タブに分類されています。

※タッチ対応のパソコンでは、《ファイル》タブと《ホーム》タブの間に、《タッチ》タブが表示される場合があります。

❹ **操作アシスト**

機能や用語の意味を調べたり、リボンから探し出せないコマンドをダイレクトに実行したりするときに使います。

❺リボンの表示オプション
リボンの表示方法を変更するときに使います。

❻ウィンドウの操作ボタン
　■ (最小化)
ウィンドウが一時的に非表示になり、タスクバーにアイコンで表示されます。

　■ (元に戻す(縮小))
ウィンドウが元のサイズに戻ります。

※ ■ (最大化)
　ウィンドウを元のサイズに戻すと、■ (元に戻す(縮小))から ■ (最大化)に切り替わります。クリックすると、ウィンドウが最大化されて、画面全体に表示されます。

　■ (閉じる)
Wordを終了します。

❼スクロールバー
文書の表示領域を移動するときに使います。
マウスを文書内で動かすと表示されます。

❽ステータスバー
文書のページ数や文字数、選択されている言語などが表示されます。また、コマンドを実行すると、作業状況や処理手順などが表示されます。

❾表示選択ショートカット
表示モードを切り替えるときに使います。

❿ズーム
文書の表示倍率を変更するときに使います。

⓫選択領域
ページの左端にある領域です。行を選択したり、文書全体を選択したりするときに使います。

⓬カーソル
文字を入力する位置やコマンドを実行する位置を示します。

⓭マウスポインター
マウスの動きに合わせて移動します。画面の位置や選択するコマンドによって形が変わります。

2 画面のスクロール

画面に表示する範囲を移動することを**「スクロール」**といいます。目的の場所が表示されていない場合は、スクロールバーを使って文書の表示領域をスクロールします。

スクロールバーは、マウスをリボンに移動したり一定時間マウスを動かさなかったりすると非表示になりますが、マウスを文書内で動かすと表示されます。

1 クリック操作によるスクロール

表示領域を少しだけスクロールしたい場合は、スクロールバーの ▲ や ▼ を使うと便利です。クリックした分だけ画面を上下にスクロールできます。

画面を下にスクロールしましょう。

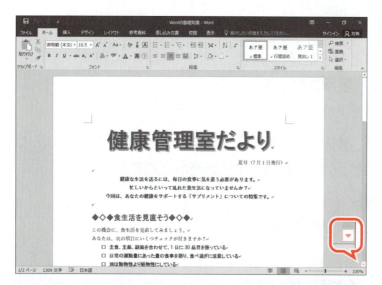

①スクロールバーの ▼ を何度かクリックします。

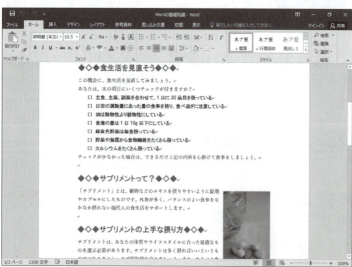

下にスクロールされます。

※カーソルの位置は変わりません。
※クリックするごとに、画面が下にスクロールします。

2 ドラッグ操作によるスクロール

表示領域を大きくスクロールしたい場合は、スクロールバーを使うと便利です。ドラッグした分だけ画面を上下にスクロールできます。
次のページにスクロールしましょう。

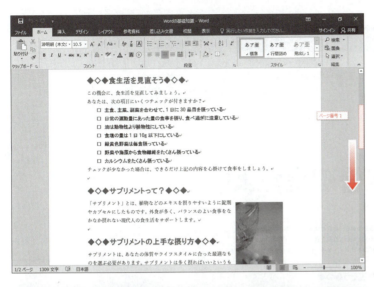

①スクロールバーを下にドラッグします。
※ドラッグ中、現在表示しているページのページ番号が表示されます。「ページ番号2」と表示されるまでドラッグします。

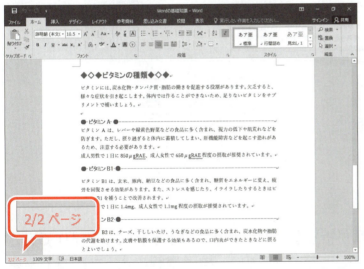

2ページ目が表示されます。
※カーソルの位置は変わりません。
※スクロールバーを上にドラッグして、1ページ目の文頭を表示しておきましょう。

📖 スクロール機能付きマウス

多くのマウスには、スクロール機能付きの「ホイール」が装備されています。
ホイールを使うと、スクロールバーを使わなくても画面を上下にスクロールできます。

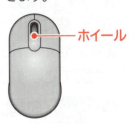

ホイール

📖 波線の表示

Wordでは、文章が自動的にチェックされ、スペルミスの可能性がある箇所に赤色の波線が表示されます。波線を右クリックすると、チェック内容を確認したり処理を選択したりできます。波線の箇所が誤っていない場合は、《すべて無視》をクリックすると、波線が表示されなくなります。

3 Wordの表示モード

Wordには、次のような表示モードが用意されています。
表示モードを切り替えるには、表示選択ショートカットのボタンをそれぞれクリックします。

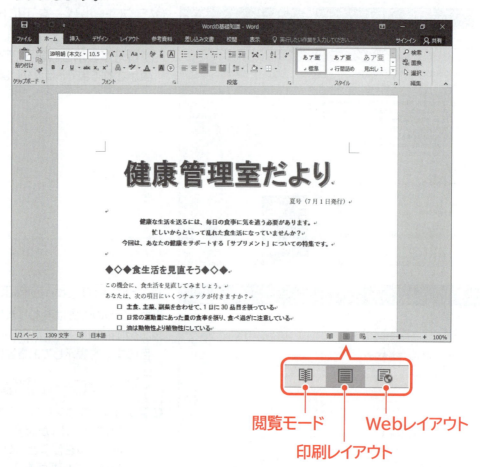

❶ ▥（閲覧モード）
画面の幅に合わせて文章が折り返されて表示されます。クリック操作で文書をすばやくスクロールすることができるので、電子書籍のような感覚で文書を閲覧できます。画面上で文書を読む場合に便利です。

❷ ▤（印刷レイアウト）
印刷結果とほぼ同じレイアウトで表示されます。余白や画像などがイメージどおりに表示されるので、全体のレイアウトを確認しながら編集する場合に便利です。通常、この表示モードで文書を作成します。
※初期の設定では、印刷レイアウトが選択されています。

❸ ▥（Webレイアウト）
ブラウザーで文書を開いたときと同じイメージで表示されます。文書をWebページとして保存する前に、イメージを確認する場合に便利です。

POINT ▶▶▶

閲覧モード

閲覧モードに切り替えると、すばやくスクロールしたり、文書中の表やワードアート、画像などを拡大したりできます。

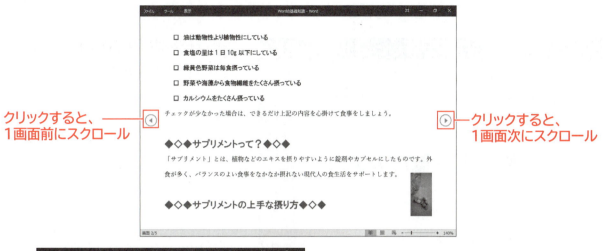

クリックすると、1画面前にスクロール

クリックすると、1画面次にスクロール

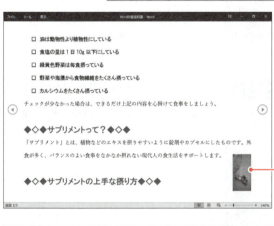

ダブルクリックすると、拡大される

をクリックすると、さらに拡大される

空白の領域をクリックすると、もとの表示に戻る

4 表示倍率の変更

画面の表示倍率は10～500％の範囲で自由に変更できます。表示倍率を変更するには、ステータスバーのズーム機能を使うと便利です。
画面の表示倍率を変更しましょう。

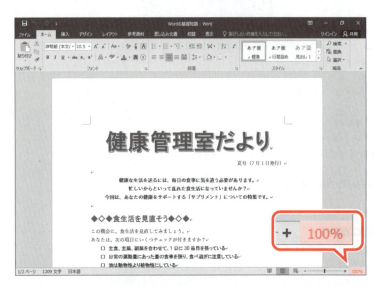

①表示倍率が「**100％**」になっていることを確認します。

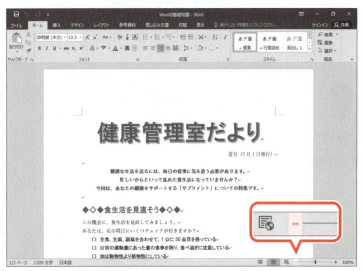

② ― （縮小）を2回クリックします。
※クリックするごとに、10％ずつ縮小されます。

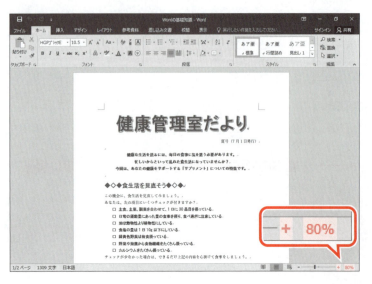

表示倍率が「**80％**」になります。
③ ＋ （拡大）を2回クリックします。
※クリックするごとに、10％ずつ拡大されます。

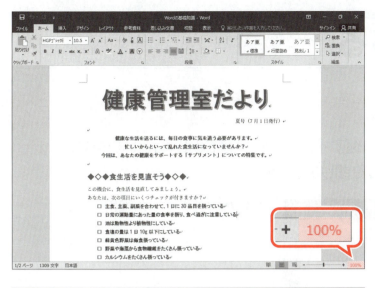

表示倍率が「100%」になります。

④ 100% をクリックします。

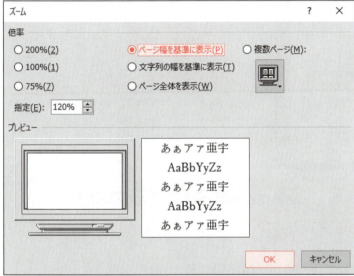

《ズーム》ダイアログボックスが表示されます。

⑤《ページ幅を基準に表示》を◉にします。

⑥《OK》をクリックします。

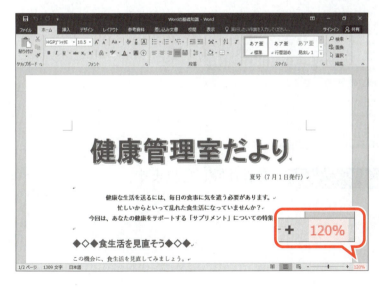

表示倍率が自動的に調整されます。

※お使いの環境によって、表示倍率は異なります。

Step5 文書を閉じる

1 文書を閉じる

開いている文書の作業を終了することを「**文書を閉じる**」といいます。
文書「Wordの基礎知識」を閉じましょう。

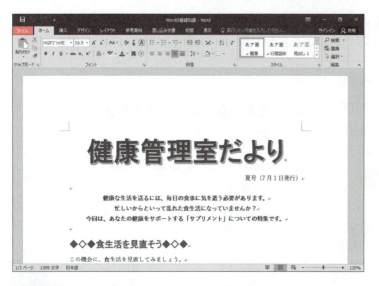

①《**ファイル**》タブを選択します。

②《**閉じる**》をクリックします。

文書が閉じられます。

文書を変更して保存せずに閉じた場合

文書の内容を変更して保存せずに閉じると、保存するかどうかを確認するメッセージが表示されます。

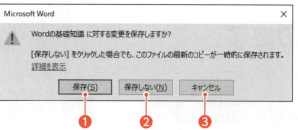

❶保存
文書を保存し、閉じます。
❷保存しない
文書を保存せずに、閉じます。
❸キャンセル
文書を閉じる操作を取り消します。

閲覧の再開

文書を閉じたときに表示していた位置は自動的に記憶されます。次に文書を開くと、その位置に移動するかどうかのメッセージが表示されます。メッセージをクリックすると、その位置からすぐに作業を始められます。

※スクロールするとメッセージは消えます。

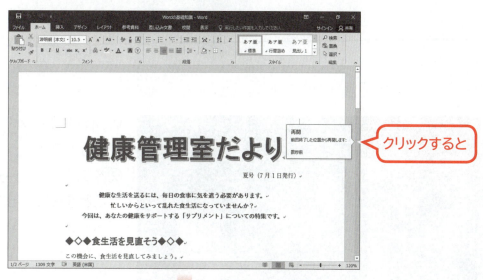

クリックすると

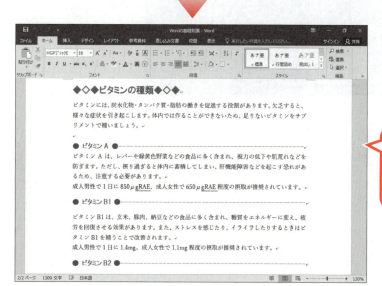

前回、文書を閉じたときに表示していた位置にジャンプ

Step6 Wordを終了する

1 Wordの終了

Wordを終了しましょう。

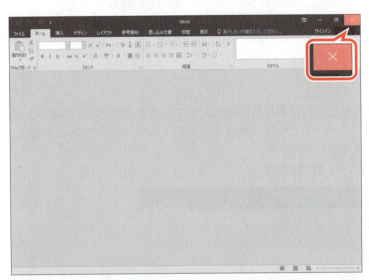

① ×（閉じる）をクリックします。

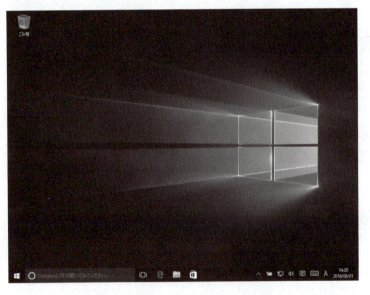

Wordのウィンドウが閉じられ、Wordが終了します。
②タスクバーから が消えていることを確認します。

Chapter 2

第2章

文字の入力

Step1	新しい文書を作成する	25
Step2	IMEを設定する	26
Step3	文字を入力する	28
Step4	文字を変換する	34
Step5	文章を変換する	38
Step6	文書を保存する	42

Step 1 新しい文書を作成する

1 新しい文書の作成

Wordを起動し、新しい文書を作成しましょう。

①Wordを起動し、Wordのスタート画面を表示します。
※ ⊞（スタート）→《すべてのアプリ》→《Word 2016》をクリックします。
②《白紙の文書》をクリックします。

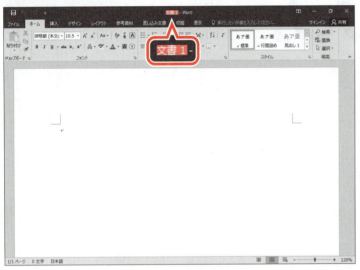

新しい文書が開かれます。
③タイトルバーに**「文書1」**と表示されていることを確認します。

> ! **POINT ▶▶▶**
>
> **新しい文書の作成**
> Wordを起動した状態で、新しい文書を作成する方法は、次のとおりです。
> ◆《ファイル》タブ→《新規》→《白紙の文書》

Step2 IMEを設定する

1 IME

ひらがなやカタカナ、漢字などの日本語を入力するには、日本語を入力するための**「日本語入力システム」**というアプリが必要です。
Windowsには、日本語入力システムの**「IME」**が用意されています。IMEでは、入力方式の切り替えや入力する文字の種類の切り替えなど、日本語入力に関わるすべてを管理します。
IMEの状態は、デスクトップの通知領域内に表示されています。

2 入力モード

通知領域には、キーを押したときに表示される文字の種類（ あ や A ）が表示されています。この文字の種類を**「入力モード」**といいます。

●ひらがな・カタカナ・漢字などを入力するときは あ

●半角英数字を入力するときは A

あ と A は、キーボードの 半角/全角/漢字 を押すと交互に切り替わるので、入力する文字に合わせて入力モードを切り替えます。

3 ローマ字入力とかな入力

日本語を入力するには、「ローマ字入力」と「かな入力」の2つの方式があります。

●ローマ字入力

キーに書かれている英字に従って、ローマ字のつづりで入力します。ローマ字入力は、母音と子音に分かれているため、入力するキーの数は多くなりますが、配列を覚えるキーは少なくなります。

例えば、「はな」と入力するときは、ローマ字に置き換えて次のキーを押します。

●かな入力

キーに書かれているひらがなに従って、入力します。かな入力は、入力するキーの数はローマ字入力より少なくなりますが、配列を覚えるキーが多くなります。

例えば、「はな」と入力するときは、読みのまま次のキーを押します。

初期の設定で、入力方式はローマ字入力が設定されていますが、自分の使いやすい入力方式に切り替えることができます。

入力方式を切り替えるには、あ または A を右クリックして表示される《ローマ字入力/かな入力》の一覧から選択します。

※●が付いているのが現在選択されている入力方式です。

Step3 文字を入力する

1 英数字の入力

英字や数字を入力するには、入力モードを [A] に切り替えて、英字や数字のキーをそのまま押します。

英字や数字のキーをそのまま押す

半角で「2016 happy」と入力しましょう。

入力モードを切り替えます。
① [半角/全角 漢字] を押します。
[A] に切り替わります。

② カーソルが表示されていることを確認します。
※カーソルは文字が入力される位置を示します。入力前に、カーソルの位置を確認しましょう。

③ [2ふ] [0わ] [1ぬ] [6お] を押します。
半角で数字が入力されます。
※間違えて入力した場合は、[Back Space] を押して入力しなおします。

④ [　　　] (スペース) を押します。
半角空白が入力されます。

⑤ [Hく] [Aち] [Pせ] [Pせ] [Yん] を押します。
半角で英字が入力されます。

⑥ [Enter] を押します。

改行され、カーソルが次の行に表示されます。

> **POINT ▶▶▶**
>
> ### 英大文字の入力
> 英大文字を入力するには、[Shift] を押しながら英字のキーを押します。

POINT ▶▶▶

空白の入力

文字と文字の間を空けるには、▭（スペース）を押して、空白を入力します。
入力モードが あ の場合、▭（スペース）を押すと全角空白が入力され、A の場合、半角空白が入力されます。

POINT ▶▶▶

全角と半角

「全角」と「半角」は、文字の基本的な大きさを表します。

● 全角　あ　　　　　　　　　　● 半角　a
ひらがなや漢字の1文字分の大きさです。　全角の半分の大きさです。

STEP UP テンキーを使った数字の入力

キーボードに「テンキー」（キーボード右側の数字のキーが集まっているところ）がある場合は、テンキーを使って数字を入力できます。

2 記号の入力

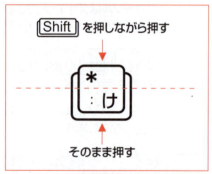

キーの下側に表記されている記号を入力するには、記号のキーをそのまま押します。
キーの上側に表記されている記号を入力するには、Shift を押しながら記号のキーを押します。

半角の「:」（コロン）と「*」（アスタリスク）を入力しましょう。

① 入力モードが A になっていることを確認します。
※ A になっていない場合は、半角/全角漢字 を押します。

② [*/:け] を押します。
③ Shift + [*/:け] を押します。
記号が入力されます。
※ Enter を押して、改行しておきましょう。

3 ひらがなの入力（ローマ字入力）

ローマ字入力で「うみ」と入力しましょう。

① [半角/全角漢字]を押します。
入力モードが あ になります。

② [U な][M も][I に]を押します。
「うみ」と表示され、入力した文字に点線が付きます。点線は、文字が入力の途中であることを表します。

③ [Enter]を押します。

点線が消え、文字が確定されます。
※[Enter]を押して、改行しておきましょう。

POINT ▶▶▶

ローマ字入力の規則

ローマ字入力には、次のような規則があります。

入力する文字	入力方法	例	
「ん」の入力	「NN」と入力します。 ※「ん」のあとに子音が続く場合は、「N」と入力します。	みかん	：[M も][I に][K の][A ち][N み][N み]
		りんご	：[R す][I に][N み][G き][O ら]
「を」の入力	「WO」と入力します。	を	：[W て][O ら]
促音「っ」の入力	あとに続く子音を2回入力します。	いった	：[I に][T か][T か][A ち]
拗音（「きゃ」「きゅ」「きょ」など）・小さい文字（「ぁ」「ぃ」「ぅ」「ぇ」「ぉ」）の入力	子音と母音の間に「Y」または「H」を入力します。 小さい文字を単独で入力する場合は、先頭に「L」または「X」を入力します。	きゃ	：[K の][Y ん][A ち]
		てぃ	：[T か][H く][I に]
		ぁ	：[L り][A ち]

※P.197に「ローマ字・かな対応表」を添付しています。

POINT ▶▶▶

句読点・長音の入力

句点「。」：[> る]　　読点「、」：[< ね]　　長音「ー」：[= ほ]

STEP UP　日本語入力中の数字・記号の入力

ローマ字入力では、入力モードが あ の状態でも数字や一部の記号を入力できます。入力すると点線の下線が表示されるので、[Enter]を押して確定します。

4 ひらがなの入力（かな入力）

かな入力で「うみ」と入力しましょう。

①入力モードが あ になっていることを確認します。
※ あ になっていない場合は、[半角/全角/漢字]を押します。

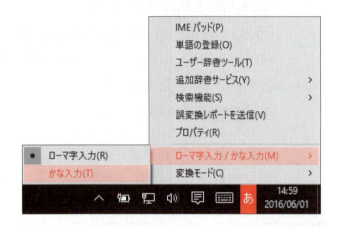

かな入力に切り替えます。
② あ を右クリックします。
③《ローマ字入力/かな入力》をポイントします。
④《かな入力》をクリックします。
※●が付いているのが現在選択されている入力方式です。

⑤[4う][Nみ]を押します。
「うみ」と表示され、入力した文字に点線が付きます。点線は、文字が入力の途中であることを表します。
⑥[Enter]を押します。

点線が消え、文字が確定されます。
※[Enter]を押して、改行しておきましょう。

⚠ POINT ▶▶▶

かな入力の規則

かな入力には、次のような規則があります。

入力する文字	入力方法	例	
濁音の入力	ひらがなのキーを押したあとに[@゛]を押します。	かば	:[Tか][Fは][@゛]
半濁音の入力	ひらがなのキーを押したあとに[!゜]を押します。	ぱん	:[Fは][!゜][Yん]
「を」の入力	[Shift]を押しながら、[0を わ]を押します。	を	:[Shift]+[0を わ]
促音「っ」の入力	[Shift]を押しながら、[Zつ]を押します。	いった	:[Eい][Shift]+[Zつ][Qた]
拗音（「きゃ」「きゅ」「きょ」など）・小さい文字「ぁ」「ぃ」「ぅ」「ぇ」「ぉ」）の入力	[Shift]を押しながら、キーを押します。	きゃ	:[Gき][Shift]+[7や]
		てぃ	:[Wて][Shift]+[Eい]
		ぁ	:[Shift]+[3ぁ あ]

> **POINT ▶▶▶**
>
> ### 句読点・長音の入力
>
> 句点「。」:[Shift]+[>る]　　読点「、」:[Shift]+[<ね]　　長音「ー」:[¥―]

5 入力中の文字の削除

確定前に文字を削除するには、[Back Space]または[Delete]を使います。

| [Back Space] | カーソルの左側の文字を削除 |
| [Delete] | カーソルの右側の文字を削除 |

「こうせい」と入力した文字を「こい」に訂正しましょう。

`こうせい|↵`

① 入力モードが **あ** になっていることを確認します。
※ **あ** になっていない場合は、[半角/全角/漢字]を押します。
※ **あ** を右クリックし、《ローマ字入力/かな入力》の一覧から使用する入力方式に切り替えておきましょう。

② 「こうせい」と入力します。
※文字の下側に予測候補が表示されます。

`こう|せい↵`

「う」と「せ」の間にカーソルを移動します。

③ [←]を2回押します。
※マウスで「う」と「せ」の間をクリックして、カーソルを移動することもできます。

④ [Back Space]を1回押します。

`こ|せい↵`

「う」が削除されます。
⑤ [Delete]を1回押します。

`こ|い↵`

「せ」が削除されます。
⑥ [Enter]を押します。

`こい|↵`

文字が確定されます。
※ [Enter]を押して、改行しておきましょう。

予測候補

文字を入力し変換する前に、予測候補の一覧が表示されます。
この予測候補の一覧には、今までに入力した文字やこれから入力すると予測される文字が予測候補として表示されます。 Tab を押して、この予測候補の一覧から選択すると、そのまま入力することができます。

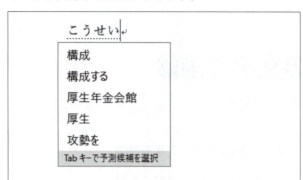

6 入力中の文字の挿入

確定前に文字を挿入するには、文字を挿入する位置にカーソルを移動して入力します。

「つめ」と入力した文字を「つばめ」に訂正しましょう。

①「つめ」と入力します。

「つ」と「め」の間にカーソルを移動します。

② ← を押します。
※マウスで「つ」と「め」の間をクリックして、カーソルを移動することもできます。

③「ば」と入力します。
「ば」が挿入されます。
④ Enter を押します。

文字が確定されます。
※ Enter を押して、改行しておきましょう。

入力中の文字の取り消し

入力中の文字をすべて取り消すには、文字を確定する前に Esc を押します。

Step 4 文字を変換する

1 漢字に変換

漢字を入力する操作は、「**入力した文字を変換し、確定する**」という流れで行います。

文字を入力して、☐（スペース）または 変換 を押すと漢字に変換できます。変換された漢字は Enter を押すか、または、続けて次の文字を入力すると確定されます。

「**会う**」と入力しましょう。

```
あう
```

①「**あう**」と入力します。
②☐（スペース）を押します。
※ 変換 を押して、変換することもできます。

```
会う
```

漢字に変換され、太い下線が付きます。
※太い下線は、文字が変換の途中であることを表します。
③ Enter を押します。

```
会う
```

漢字が確定されます。
※ Enter を押して、改行しておきましょう。

> **POINT ▶▶▶**
>
> ☐（スペース）の役割
>
> ☐（スペース）は、押すタイミングによって役割が異なります。
> 文字を確定する前に☐（スペース）を押すと、文字が変換されます。
> 文字を確定したあとに☐（スペース）を押すと、空白が入力されます。

変換前の状態に戻す

STEP UP 変換して確定する前に Esc を何回か押すと、変換前の状態（読みを入力した状態）に戻して文字を訂正できます。

2 変換候補一覧からの選択

漢字には同じ読みをするものがたくさんあるため、一度の変換で目的の漢字が表示されるとは限りません。目的の漢字が表示されなかったときは、何度か[ ]（スペース）を押して変換を続けます。[ ]（スペース）を続けて押すと、変換候補の一覧が表示され、ほかの漢字を選択できます。
「**遭う**」と入力しましょう。

あう

①「**あう**」と入力します。
②[ ]（スペース）を押します。

会う

漢字に変換されます。
③再度、[ ]（スペース）を押します。

変換候補一覧が表示されます。

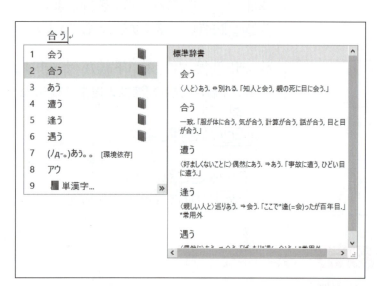

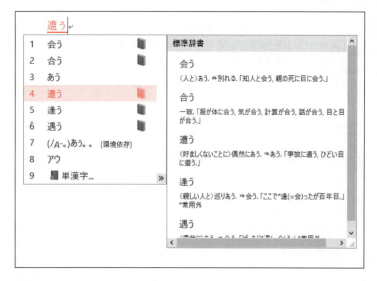

④何度か[ ]（スペース）を押し、一覧から「**遭う**」を選択します。
※[↑][↓]を押して、一覧から目的の漢字を選択することもできます。
⑤[Enter]を押します。

遭う

漢字が確定されます。
※[Enter]を押して、改行しておきましょう。

3 カタカナに変換

漢字と同様に、カタカナも読みを入力して[____]（スペース）または[変換]で変換できます。
「**パン**」と入力しましょう。

ぱん	

①「**ぱん**」と入力します。
②[____]（スペース）を押します。
※[変換]を押して、変換することもできます。

パン	

カタカナに変換され、太い下線が付きます。
※太い下線は、文字が変換の途中であることを表します。

③[Enter]を押します。

パン	

文字が確定されます。
※[Enter]を押して、改行しておきましょう。

4 再変換

確定した文字を変換しなおすことを「**再変換**」といいます。
再変換する箇所にカーソルを移動して[変換]を押すと、変換候補一覧が表示され、ほかの漢字やカタカナを選択できます。
「**遭う**」を「**合う**」に再変換しましょう。

遭う	

①「**遭う**」にカーソルを移動します。
※単語上であれば、どこでもかまいません。
②[変換]を押します。

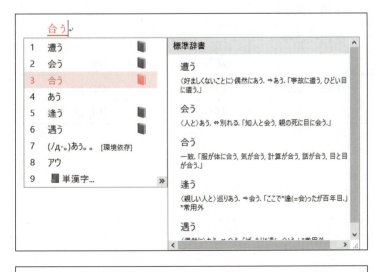

変換候補一覧が表示されます。
再変換します。
③何度か[____]（スペース）を押し、一覧から「**合う**」を選択します。
④[Enter]を押します。

合う	

文字が確定されます。
※文末にカーソルを移動しておきましょう。

記号に変換

記号には、読みを入力して変換できるものがあります。

読み	記号
かっこ	（）〔〕＜＞《》「」『』【】
まる	○ ● ◎ ①～⑳ ㊤ ㊥ ㊦ ㊧ ㊨
さんかく	△ ▲ ▽ ▼ ∴ ∵
やじるし	← → ↑ ↓ ⇔ ⇒
たんい	℃ ％ ‰ Å £ ¢ mm cm km mg kg ㎡ ㍗ ㌍ ㍍
けいさん	＋ － × ÷ ≦ ≠
から	～
こめ	※
ゆうびん	〒
でんわ	℡
ほし	☆ ★
かぶしきがいしゃ	㈱ （株）
へいせい	㍻
いち	① Ⅰ ※「1」と入力して変換すると効率的です。

※このほかにも、読みを入力して変換できる記号はたくさんあります。

ファンクションキーを使った変換

F6～F10のファンクションキーを使って、入力した読みを変換できます。下線が付いた状態で、ファンクションキーを押すと変換されます。

●「りんご」と入力した場合

ファンクションキー	変換の種類		変換後の文字
F6	全角ひらがな		りんご
F7	全角カタカナ		リンゴ
F8	半角カタカナ		ﾘﾝｺﾞ
F9	全角英数字	ローマ字入力	ringo
		かな入力	lyb@
F10	半角英数字	ローマ字入力	ringo
		かな入力	lyb@

Step5 文章を変換する

1 文章の変換

文章を入力して変換する方法には、次のようなものがあります。

●文節単位で変換する

文節ごとに入力し、☐☐☐☐（スペース）を押して変換します。
適切な漢字に絞り込まれるため、効率よく文章を変換できます。

●一括変換する

「。」（句点）「、」（読点）を含めた一文を入力し、☐☐☐☐（スペース）を押して変換します。
自動的に文節が区切られてまとめて変換できますが、一部の文節が目的の漢字に変換されない場合や、文節が正しく認識されない場合には、手動で調整する必要があります。

2 文節単位の変換

文節単位で変換して文章を入力します。
「海に行く。」と入力しましょう。

うみに

①**「うみに」**と入力します。
②☐☐☐☐（スペース）を押します。

海にいく。

「海に」と変換されます。
③**「いく。」**と入力します。
※「海に」が自動的に確定されます。
④☐☐☐☐（スペース）を押します。

海に行く。

「行く。」と変換されます。
⑤ Enter を押します。

海に行く。

文章が確定されます。
※ Enter を押して、改行しておきましょう。

3 一括変換

「夢はアメリカ留学だ。」と入力しましょう。

| ゆめはあめりかりゅうがくだ。 |

① 「ゆめはあめりかりゅうがくだ。」と入力します。
② [　　　]（スペース）を押します。

| 夢はアメリカ留学だ。 |

自動的に文節が区切られて変換されます。
③ [Enter]を押します。

| 夢はアメリカ留学だ。 |

文章が確定されます。
※ [Enter]を押して、改行しておきましょう。

> **! POINT ▶▶▶**
>
> **文節カーソル**
> 変換したときに表示される太い下線を「文節カーソル」といいます。文節カーソルは、現在変換対象になっている文節を表します。

4 文節ごとの変換

文章を一括変換したときに、一部の文節が目的の文字に変換されないことがあります。その場合は、[←]または[→]を使って、文節カーソルを移動して変換しなおします。

「本を構成する。」を「本を校正する。」に変換しなおしましょう。

| ほんをこうせいする。 |

① 「ほんをこうせいする。」と入力します。
② [　　　]（スペース）を押します。

| 本を構成する。 |

自動的に文節が区切られて変換されます。
③ 「**本を**」の文節に、文節カーソルが表示されていることを確認します。
④ [→]を押します。

| 本を構成する。 |

文節カーソルが「**構成する**」に移動します。
⑤ [　　　]（スペース）を押します。

第2章 文字の入力

本を校正する。

1	構成する
2	攻勢する
3	更生する
4	校正する
5	更正する
6	較正する
7	甦生する
8	こうせいする
9	コウセイスル

変換候補一覧が表示されます。
⑥一覧から**「校正する」**を選択します。
⑦ Enter を押します。

本を校正する。

文章が確定されます。
※ Enter を押して、改行しておきましょう。

5 文節区切りの変更

文章を一括変換したときに、文節の区切りが正しく認識されないことがあります。その場合は、 Shift + ← または Shift + → を使って、文節の区切りを変更します。文節の区切りと文節カーソルが一致したら、 □ （スペース）を押して変換します。

「私は知る。」の文節の区切りを調整して、**「私走る。」**に変更しましょう。

わたしはしる。

①**「わたしはしる。」**と入力します。
② □ （スペース）を押します。

私は知る。

自動的に文節が区切られて変換されます。
③**「私は」**の文節に、文節カーソルが表示されていることを確認します。
④ Shift + ← を押します。

わたしは知る。

文節の区切りが変更され、**「わたし」**が反転表示されます。
⑤ □ （スペース）を押します。

私走る。

「私」と変換されます。
⑥ Enter を押します。

私走る。

文章が確定されます。
※ Enter を押して、改行しておきましょう。

文節区切りの候補

文節区切りの異なる候補がある場合、変換候補一覧に「0」番が表示されます。「0」を選択すると、文節区切りの異なる候補に切り替えられます。

Let's Try ためしてみよう

次の文章を入力しましょう。
① 三日月の夜。
② 試験に合格した。
③ 冬休みに北海道に出かける予定です。
④ クリスマスに手作りケーキをプレゼントした。
⑤ 9月のおすすめは「松茸の土瓶蒸し」です。
⑥ 342×0.5=171
⑦ 定価は¥3,500です。
⑧ 1年C組が水泳大会で優勝した。
⑨ 友人と14:00に駅の改札口で待ち合わせをした。
⑩ Lesson3は学習済みです。
⑪ クーポン券を利用すると、飲食料金が20％OFFになる。
⑫ 大ヒットエッセイ「人生はチャレンジだ！」の著者・松下総一郎さんを招いて講演会を開催した。
⑬ リニューアルオープンした店内は、太陽の光がいっぱい差し込み、キラキラ輝く海をゆっくり眺めることができます。

Let's Try Answer

省略

Step 6 文書を保存する

1 名前を付けて保存

作成した文書を残しておきたいときは、文書に名前を付けて保存します。
文書に「**文字の入力完成**」と名前を付けて、フォルダー「**第2章**」に保存しましょう。

①《**ファイル**》タブを選択します。

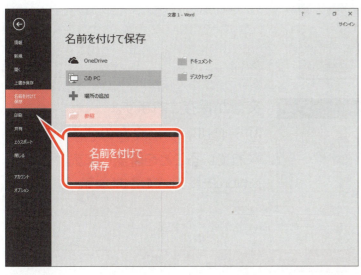

②《**名前を付けて保存**》をクリックします。
③《**参照**》をクリックします。

《**名前を付けて保存**》ダイアログボックスが表示されます。
文書を保存する場所を選択します。
④《**ドキュメント**》が開かれていることを確認します。
※《ドキュメント》が開かれていない場合は、《PC》→《ドキュメント》をクリックします。
⑤一覧から「**初心者のためのWord2016**」を選択します。
⑥《**開く**》をクリックします。

第2章 文字の入力

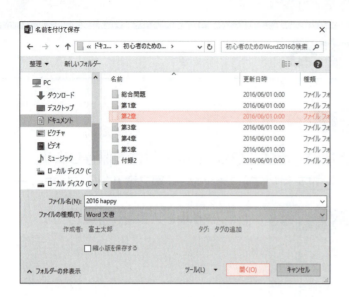

⑦「第2章」を選択します。
⑧《開く》をクリックします。

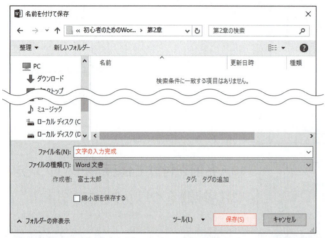

⑨《ファイル名》に「文字の入力完成」と入力します。
⑩《保存》をクリックします。

文書が保存されます。
⑪タイトルバーに文書の名前が表示されていることを確認します。
※Wordを終了しておきましょう。

> ### POINT ▶▶▶
>
> #### 上書き保存と名前を付けて保存
> すでに保存されている文書の内容を一部編集して、編集後の内容だけを保存するには、クイックアクセスツールバーの （上書き保存）を使って上書き保存します。
> 更新前の状態も更新後の状態も保存するには、「名前を付けて保存」で別の名前を付けて保存します。

文書の自動保存
STEP UP 作成中の文書は、一定の間隔で自動的にコンピューター内に保存されます。文書を保存せずに閉じてしまった場合は、自動的に保存された文書の一覧から復元できます。
保存していない文書を復元する方法は、次のとおりです。
◆《ファイル》タブ→《情報》→《ドキュメントの管理》→《保存されていない文書の回復》→文書を選択→《開く》
※操作のタイミングによって、完全に復元されるとは限りません。

第3章 Chapter 3

文書の作成

Step1	作成する文書を確認する	45
Step2	ページレイアウトを設定する	46
Step3	文章を入力する	48
Step4	範囲を選択する	53
Step5	文字を削除・挿入する	55
Step6	文字をコピー・移動する	57
Step7	文章の体裁を整える	61
Step8	文書を印刷する	68
練習問題		71

Step 1 作成する文書を確認する

1 作成する文書の確認

次のような文書を作成しましょう。

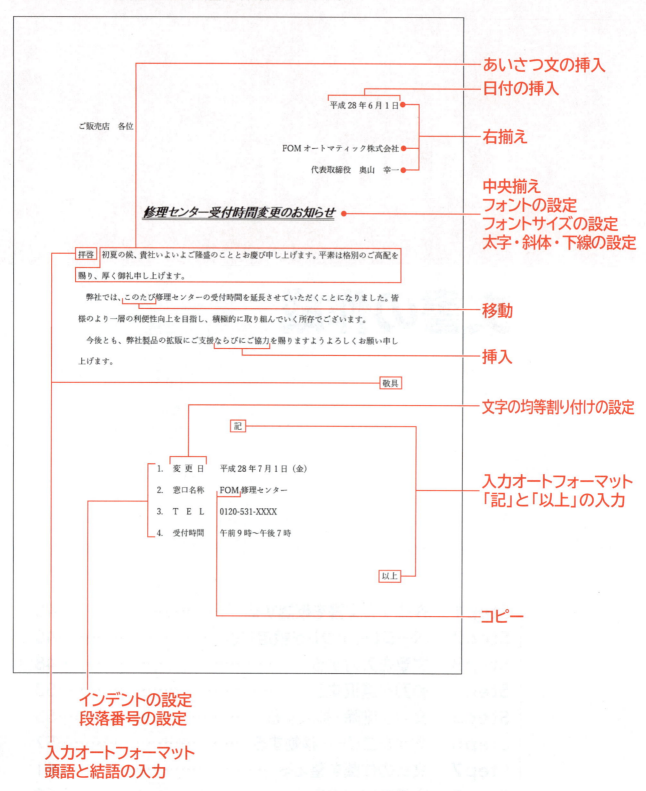

第3章 文書の作成

Step2 ページレイアウトを設定する

1 ページレイアウトの設定

用紙サイズや印刷の向き、余白、1ページの行数、1行の文字数など、文書のページのレイアウトを設定するには**「ページ設定」**を使います。ページ設定はあとから変更できますが、最初に設定しておくと印刷結果に近い状態が画面に再現されるので、仕上がりをイメージしやすくなります。
次のようにページのレイアウトを設定しましょう。

```
用紙サイズ     ：A4
印刷の向き     ：縦
余白           ：上 35mm　下左右 30mm
1ページの行数  ：30行
```

File OPEN Wordを起動し、新しい文書を作成しておきましょう。

①《**レイアウト**》タブを選択します。
②《**ページ設定**》グループの をクリックします。

《**ページ設定**》ダイアログボックスが表示されます。
③《**用紙**》タブを選択します。
④《**用紙サイズ**》が《**A4**》になっていることを確認します。

⑤《余白》タブを選択します。
⑥《印刷の向き》が《縦》になっていることを確認します。
⑦《余白》の《上》を「35mm」、《下》《左》《右》を「30mm」に設定します。

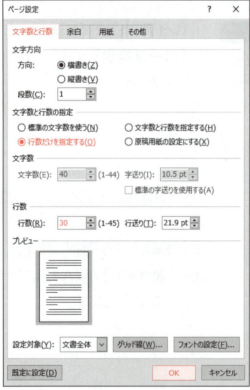

⑧《文字数と行数》タブを選択します。
⑨《行数だけを指定する》を●にします。
⑩《行数》を「30」に設定します。
⑪《OK》をクリックします。

Step3 文章を入力する

1 編集記号の表示

↵（段落記号）や□（全角空白）などの記号を「**編集記号**」といいます。初期の設定で、↵（段落記号）は表示されていますが、空白などの編集記号は表示されていません。文章を入力・編集するとき、そのほかの編集記号も表示するように設定すると、空白を入力した位置などをひと目で確認できるので便利です。編集記号は印刷されません。
編集記号を表示しましょう。

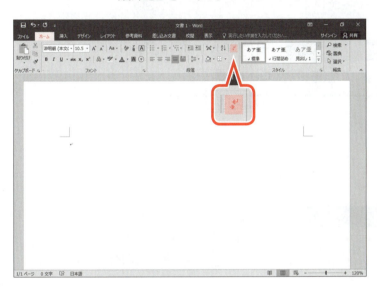

①《**ホーム**》タブを選択します。
②《**段落**》グループの （編集記号の表示/非表示）をクリックします。
※ボタンが濃い灰色になります。

2 日付の挿入

「**日付と時刻**」を使うと、本日の日付を挿入できます。西暦や和暦を選択したり、自動的に日付が更新されるように設定したりできます。
発信日付を挿入しましょう。

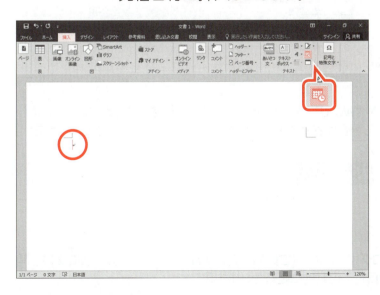

①1行目にカーソルがあることを確認します。
②《**挿入**》タブを選択します。
③《**テキスト**》グループの （日付と時刻）をクリックします。

第3章 文書の作成

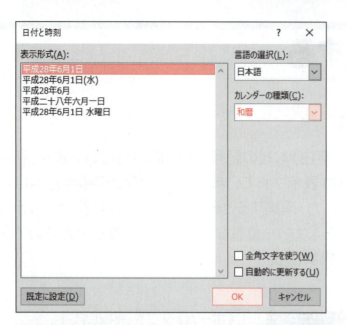

《日付と時刻》ダイアログボックスが表示されます。

④《カレンダーの種類》の ▽ をクリックし、一覧から《和暦》を選択します。

⑤《表示形式》の一覧から《平成〇年〇月〇日》を選択します。

※一覧には、本日の日付が表示されます。

⑥《OK》をクリックします。

日付が入力されます。
改行します。
⑦ Enter を押します。

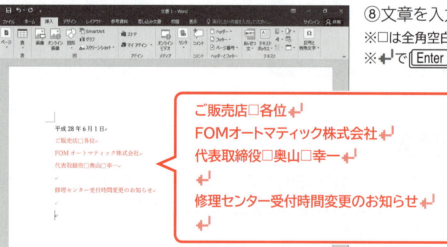

⑧文章を入力します。
※□は全角空白を表します。
※↵ で Enter を押して改行します。

> **POINT ▶▶▶**
>
> **ボタンの形状**
>
> ディスプレイの画面解像度や《Word》ウィンドウのサイズなど、お使いの環境によって、ボタンの形状やサイズが異なる場合があります。ボタンの操作は、ポップヒントに表示されるボタン名を確認してください。
>
> 例：日付と時刻

日付の自動更新

《日付と時刻》ダイアログボックスの《自動的に更新する》を にすると、次に文書を開いたとき、その時点の日付に自動的に更新されます。

3 頭語と結語の入力

「**拝啓**」や「**謹啓**」などの頭語を入力したあと、改行したり空白を入力したりすると、頭語に対応した「**敬具**」や「**謹白**」などの結語が自動的に挿入され、右揃えされます。このように、入力した文字に対応した語句を自動的に挿入する機能を「**入力オートフォーマット**」といいます。

入力オートフォーマットを使って、頭語「**拝啓**」に対応する結語「**敬具**」を入力しましょう。

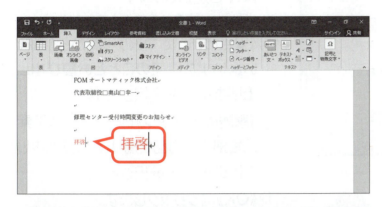

①文末にカーソルがあることを確認します。
②「**拝啓**」と入力します。
改行します。
③ Enter を押します。

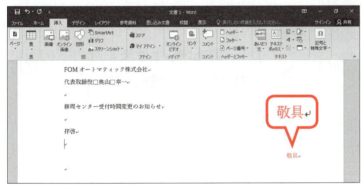

「**敬具**」が右揃えで入力されます。

4 あいさつ文の挿入

「あいさつ文の挿入」を使うと、季節のあいさつ・安否のあいさつ・感謝のあいさつを一覧から選択して、簡単に挿入できます。

「**拝啓**」に続けて、6月に適したあいさつ文を挿入しましょう。

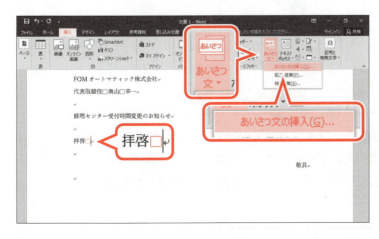

①「**拝啓**」の後ろにカーソルを移動します。
全角空白を入力します。
②（スペース）を押します。
③《**挿入**》タブを選択します。
④《**テキスト**》グループの（あいさつ文の挿入）をクリックします。
⑤《**あいさつ文の挿入**》をクリックします。

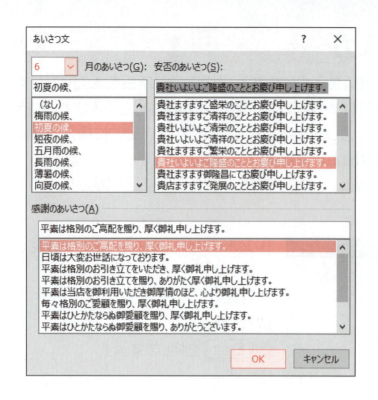

《あいさつ文》ダイアログボックスが表示されます。

⑥《月のあいさつ》の ∨ をクリックし、一覧から《6》を選択します。

《月のあいさつ》の一覧に6月のあいさつが表示されます。

⑦《月のあいさつ》の一覧から《初夏の候、》を選択します。

※一覧にない文章は直接入力できます。

⑧《安否のあいさつ》の一覧から《貴社いよいよご隆盛のこととお慶び申し上げます。》を選択します。

⑨《感謝のあいさつ》の一覧から《平素は格別のご高配を賜り、厚く御礼申し上げます。》を選択します。

⑩《OK》をクリックします。

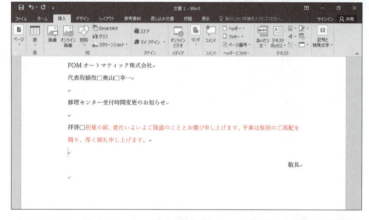

あいさつ文が挿入されます。

⑪「…御礼申し上げます。」の下の行にカーソルを移動します。

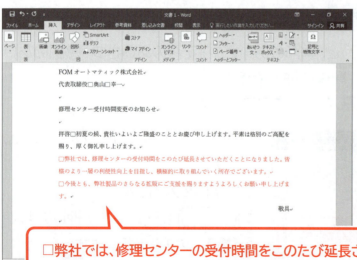

⑫文章を入力します。
※□は全角空白を表します。
※↵で[Enter]を押して改行します。

□弊社では、修理センターの受付時間をこのたび延長させていただくことになりました。皆様のより一層の利便性向上を目指し、積極的に取り組んでいく所存でございます。↵
□今後とも、弊社製品のさらなる拡販にご支援を賜りますようよろしくお願い申し上げます。

5 記書きの入力

入力オートフォーマットを使うと、「**記**」と「**以上**」で構成される記書きを簡単に入力できます。「**記**」を入力して改行すると、「**以上**」が自動的に挿入されます。さらに、「**記**」は中央揃えされ、「**以上**」は右揃えされます。

入力オートフォーマットを使って、記書きを入力しましょう。次に、記書きの文章を入力しましょう。

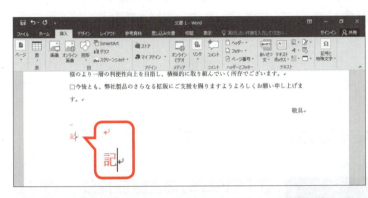

文末にカーソルを移動します。
① **Ctrl** + **End** を押します。
※文末にカーソルを移動するには、**Ctrl** を押しながら **End** を押します。
改行します。
② **Enter** を押します。
③「記」と入力します。

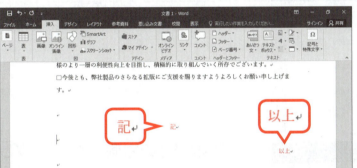

改行します。
④ **Enter** を押します。
「**記**」が中央揃えされ、「**以上**」が右揃えで挿入されます。

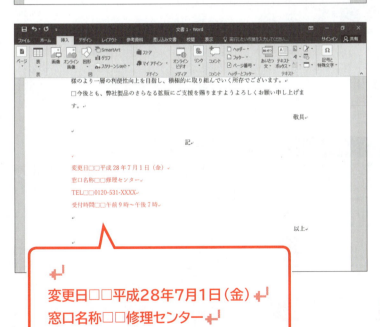

⑤文章を入力します。
※□は全角空白を表します。
※↵で **Enter** を押して改行します。
※「～」は「から」と入力して変換します。

カーソルの移動（文頭・文末）

STEP UP 効率よく文頭や文末にカーソルを移動する方法は、次のとおりです。

移動先	キー
文頭	**Ctrl** + **Home**
文末	**Ctrl** + **End**

Step 4 範囲を選択する

1 範囲選択

「範囲選択」とは、操作する対象を選択することです。書式設定・移動・コピー・削除などで使う最も基本的な操作で、対象の範囲を選択してコマンドを実行します。選択する対象に応じて、文字単位や行単位で適切に範囲を選択しましょう。

2 文字の選択

文字単位で選択するには、先頭の文字から最後の文字までドラッグします。「今後とも」を選択しましょう。

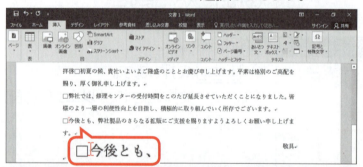

①「今後とも」の左側をポイントします。
マウスポインターの形がIに変わります。

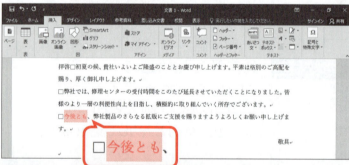

②「今後とも」の右側までドラッグします。
文字が選択されます。

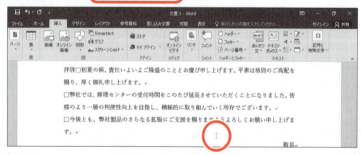

選択を解除します。
③選択した範囲以外の場所をクリックします。

❗ POINT ▶▶▶

ミニツールバー

選択した範囲の近くに表示されるボタンの集まりを「ミニツールバー」といいます。ミニツールバーには、よく使う書式設定に関するボタンが登録されています。マウスをリボンまで動かさずにコマンドが実行できるので、効率的に作業が行えます。ミニツールバーを使わない場合は、 Esc を押します。

3 行の選択

行を選択するには、行の左端の選択領域をクリックします。
「**今後とも…**」で始まる行を選択しましょう。

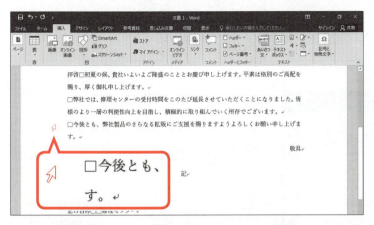

①「**今後とも…**」で始まる行の左端をポイントします。
マウスポインターの形が に変わります。

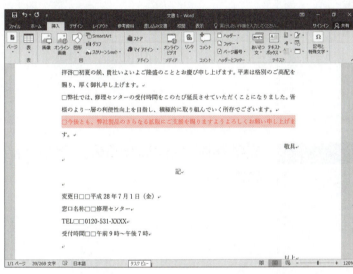

②クリックします。
行が選択されます。

POINT ▶▶▶

範囲選択の方法

次のような方法で、範囲選択できます。

単位	操作
単語（意味のあるひとかたまり）	単語をダブルクリック
複数の行（連続する複数の行）	行の左端をドラッグ （マウスポインターの形が の状態）
段落（ Enter で段落を改めた範囲）	段落の左端をダブルクリック （マウスポインターの形が の状態）
文書全体	行の左端をすばやく3回クリック （マウスポインターの形が の状態）
離れた場所にある複数の範囲	2つ目以降の範囲を Ctrl を押しながら選択

Step 5 文字を削除・挿入する

1 削除

文字を削除するには、文字を選択して Delete を押します。
「さらなる」を削除しましょう。

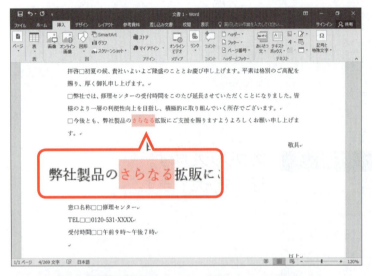

削除する文字を選択します。
①「さらなる」を選択します。
② Delete を押します。

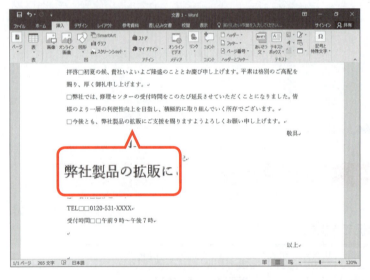

文字が削除され、後ろの文字が字詰めされます。

POINT ▶▶▶

元に戻す
クイックアクセスツールバーの ↶ (元に戻す)をクリックすると、直前に行った操作を取り消して、もとの状態に戻すことができます。誤って文字を削除した場合などに便利です。
↶ (元に戻す)を繰り返しクリックすると、過去の操作が順番に取り消されます。

2 挿入

文字を挿入するには、挿入する位置にカーソルを移動して文字を入力します。
「ご支援」の後ろに**「ならびにご協力」**を挿入しましょう。

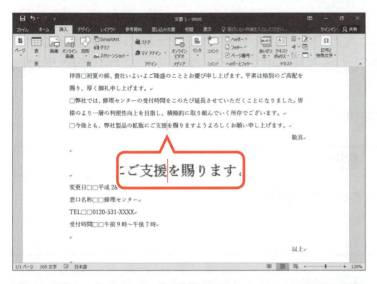

文字を挿入する位置にカーソルを移動します。
①**「ご支援」**の後ろにカーソルを移動します。

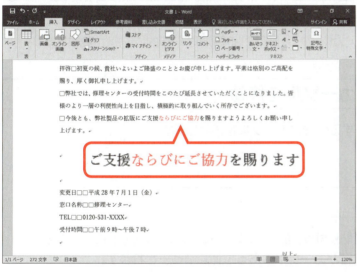

文字を入力します。
②**「ならびにご協力」**と入力します。
文字が挿入され、後ろの文字が字送りされます。

> **POINT ▶▶▶**
>
> ### 字詰め・字送りの範囲
> 文字を削除したり挿入したりすると、↵（段落記号）までの段落内で字詰め、字送りされます。

> **POINT ▶▶▶**
>
> ### 段落
> 「段落」とは、↵（段落記号）の次の行から次の↵までの範囲のことです。1行の文章でもひとつの段落と認識されます。改行すると、段落を改めることができます。

Step 6 文字をコピー・移動する

1 コピー

「コピー」を使うと、すでに入力されている文字や文章を別の場所で利用できます。何度も同じ文字を入力する場合に、コピーを使うと入力の手間が省けて便利です。
文字をコピーする手順は、次のとおりです。

1 コピー元を選択

コピーする範囲を選択します。

2 コピー

 (コピー)をクリックすると、選択している範囲が「クリップボード」と呼ばれる領域に一時的に記憶されます。

3 コピー先にカーソルを移動

コピーする位置にカーソルを移動します。

4 貼り付け

(貼り付け)をクリックすると、クリップボードに記憶されている内容がカーソルのある位置にコピーされます。

会社名の「**FOM**」を記書きの「**修理センター**」の前にコピーしましょう。

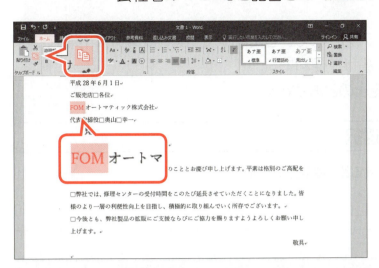

コピー元の文字を選択します。
①「FOM」を選択します。
②《ホーム》タブを選択します。
③《クリップボード》グループの (コピー)をクリックします。

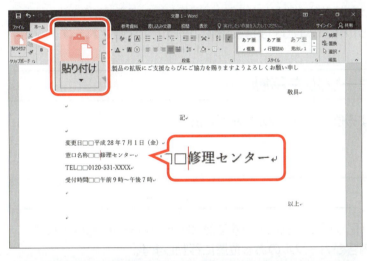

コピー先を指定します。
④記書きの「**修理センター**」の前にカーソルを移動します。
⑤《クリップボード》グループの (貼り付け)をクリックします。

文字がコピーされます。

> **! POINT ▶▶▶**
>
> ### 貼り付けのオプション
>
> 貼り付けを実行した直後に表示される を「貼り付けのオプション」といいます。貼り付けを実行した直後に をクリックするか、[Ctrl]を押すと、貼り付ける形式を変更できます。
> (貼り付けのオプション)を使わない場合は、[Esc]を押します。

2 移動

「移動」 を使うと、すでに入力されている文字や文章を別の場所に移動できます。入力しなおす手間が省けて便利です。
文字を移動する手順は、次のとおりです。

1 移動元を選択

移動する範囲を選択します。

2 切り取り

✂ (切り取り)をクリックすると、選択している範囲が「クリップボード」と呼ばれる領域に一時的に記憶されます。

3 移動先にカーソルを移動

移動する位置にカーソルを移動します。

4 貼り付け

📋 (貼り付け)をクリックすると、クリップボードに記憶されている内容がカーソルのある位置に移動します。

「このたび」を「弊社では、」の後ろに移動しましょう。

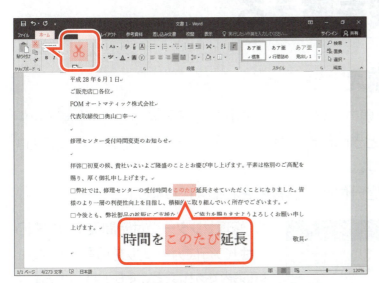

移動元の文字を選択します。
①「このたび」を選択します。
②《ホーム》タブを選択します。
③《クリップボード》グループの （切り取り）をクリックします。

移動先を指定します。
④「**弊社では、**」の後ろにカーソルを移動します。
⑤《**クリップボード**》グループの （貼り付け）をクリックします。

文字が移動します。

Step7 文章の体裁を整える

1 中央揃え・右揃え

行内の文字の配置は変更できます。文字を中央に配置するときは ≡（中央揃え）、右端に配置するときは ≡（右揃え）を使います。中央揃えや右揃えは段落単位で設定されます。

タイトルを中央揃え、発信日付と発信者名を右揃えにしましょう。

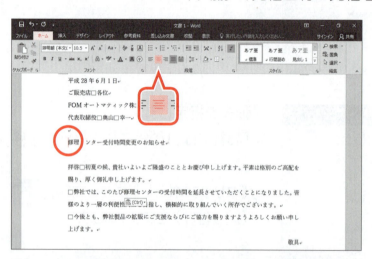

①「修理センター受付時間変更のお知らせ」の行にカーソルを移動します。
※段落内であれば、どこでもかまいません。
②《ホーム》タブを選択します。
③《段落》グループの ≡（中央揃え）をクリックします。

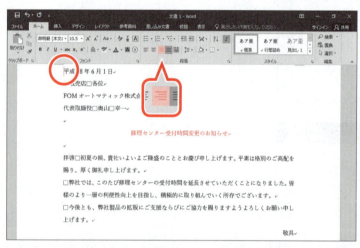

文字が中央揃えされます。
※ボタンが濃い灰色になります。
④「平成○年○月○日」の行にカーソルを移動します。
※段落内であれば、どこでもかまいません。
⑤《段落》グループの ≡（右揃え）をクリックします。

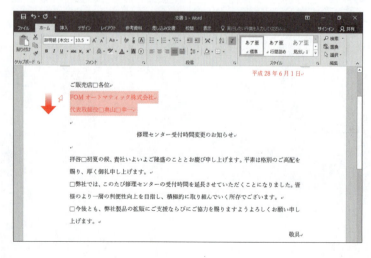

文字が右揃えされます。
※ボタンが濃い灰色になります。
⑥「FOMオートマティック株式会社」の行の左端をポイントします。
マウスポインターの形が ⤢ に変わります。
⑦「代表取締役　奥山　幸一」の行の左端までドラッグします。
⑧ F4 を押します。

直前の書式が繰り返し設定されます。
※選択を解除しておきましょう。

操作の繰り返し

F4 を使うと、直前に実行した操作を繰り返すことができます。
F4 を押しても、繰り返し実行できない場合もあります。

❗ POINT ▶▶▶

段落単位の配置の設定
右揃えや中央揃えなどの配置の設定は段落単位で設定されるので、段落内にカーソルを移動するだけで設定できます。

2　インデントの設定

段落単位で字下げするには「**左インデント**」を設定します。
（インデントを増やす）を1回クリックするごとに、1文字ずつ字下げされます。逆に、（インデントを減らす）を1回クリックするごとに、1文字ずつもとの位置に戻ります。
記書きの左インデントを設定しましょう。

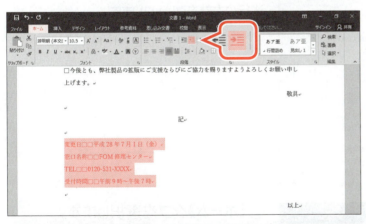

①「**変更日…**」で始まる行から「**受付時間…**」で始まる行までを選択します。
※行の左端をドラッグします。
②《**ホーム**》タブを選択します。
③《**段落**》グループの （インデントを増やす）を10回クリックします。

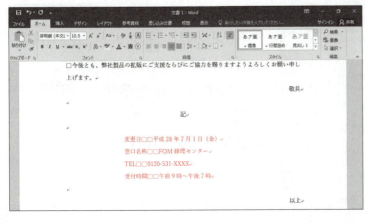

左インデントが設定されます。
※選択を解除しておきましょう。

インデントの解除

インデントが設定してある行で改行すると、次の行にも自動的にインデントが設定されます。自動的に設定されたインデントを解除するには、[Back Space]を押します。

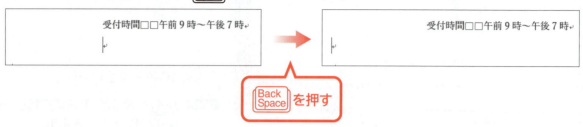

3 フォント・フォントサイズの設定

文字の書体のことを「**フォント**」といいます。初期の設定は「**游明朝**」です。フォントを変更するには 游明朝 (本文(▼（フォント）を使います。

また、文字の大きさのことを「**フォントサイズ**」といい、「**ポイント（pt）**」という単位で表します。初期の設定は「**10.5**」ポイントです。フォントサイズを変更するには 10.5 ▼（フォントサイズ）を使います。

タイトル「**修理センター受付時間変更のお知らせ**」に次の書式を設定しましょう。

> フォント　　　　：HGPゴシックM
> フォントサイズ：16ポイント

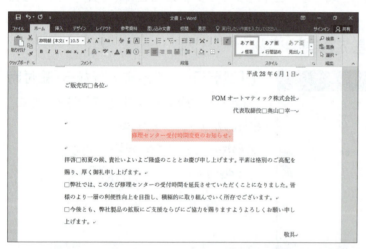

①「修理センター受付時間変更のお知らせ」の行を選択します。
※行の左端をクリックします。

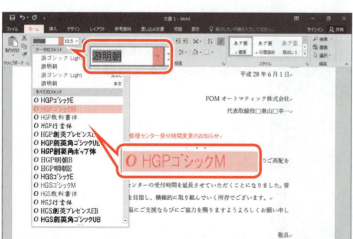

②《**ホーム**》タブを選択します。
③《**フォント**》グループの 游明朝 (本文(▼
　（フォント）の ▼ をクリックし、《**HGP
　ゴシックM**》をポイントします。
設定後のフォントを画面上で確認できます。
④《**HGPゴシックM**》をクリックします。

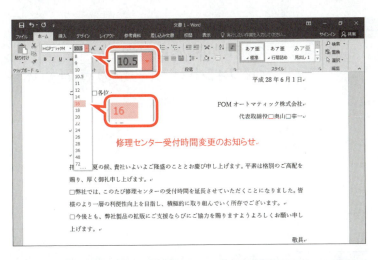

フォントが変更されます。

⑤《フォント》グループの 10.5 ▼ （フォントサイズ）の ▼ をクリックし、《16》をポイントします。

設定後のフォントサイズを画面上で確認できます。

⑥《16》をクリックします。

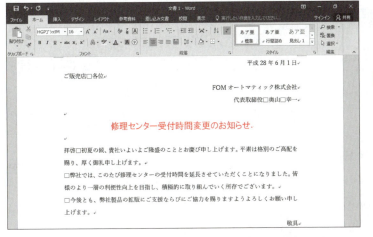

フォントサイズが変更されます。
※選択を解除しておきましょう。

> **! POINT ▶▶▶**
>
> **リアルタイムプレビュー**
>
> 「リアルタイムプレビュー」とは、一覧の選択肢をポイントして、設定後の結果を確認できる機能です。
> 設定前に確認できるため、繰り返し設定しなおす手間を省くことができます。

> **! POINT ▶▶▶**
>
> **フォントの色の設定**
>
> 文字に色を付けて、強調できます。
> ◆《ホーム》タブ→《フォント》グループの A ▼ （フォントの色）の ▼ →一覧から選択

4　太字・斜体・下線の設定

文字を太くしたり、斜めに傾けたり、下線を付けたりして強調できます。
タイトル**「修理センター受付時間変更のお知らせ」**に太字・斜体・二重下線を設定し、強調しましょう。

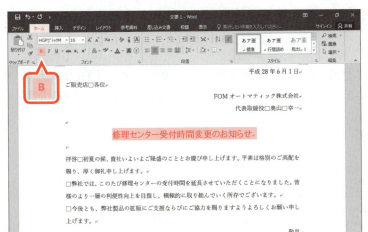

①「修理センター受付時間変更のお知らせ」の行を選択します。
※行の左端をクリックします。

②《ホーム》タブを選択します。

③《フォント》グループの **B** （太字）をクリックします。

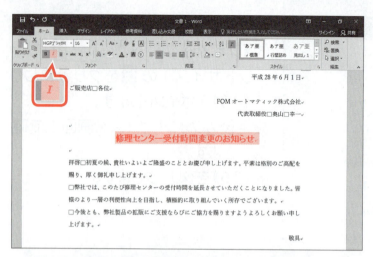

文字が太字になります。
※ボタンが濃い灰色になります。

④《フォント》グループの I （斜体）をクリックします。

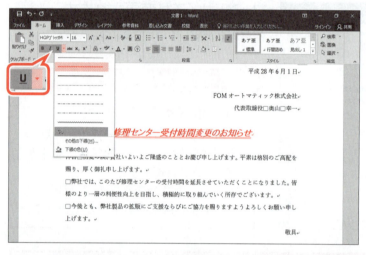

文字が斜体になります。
※ボタンが濃い灰色になります。

⑤《フォント》グループの U （下線）の をクリックします。

⑥《━━━━》（二重下線）をクリックします。

※一覧をポイントすると、設定後のイメージを画面で確認できます。

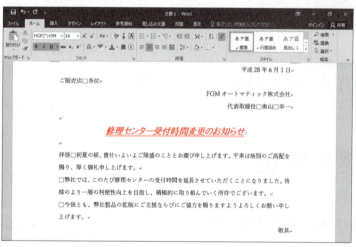

文字に二重下線が付きます。
※ボタンが濃い灰色になります。
※選択を解除しておきましょう。

> **POINT**
>
> **太字・斜体・下線の解除**
>
> 太字・斜体・下線を解除するには、解除する範囲を選択して B （太字）・ I （斜体）・ U （下線）を再度クリックします。設定が解除されると、ボタンが濃い灰色から標準の色に戻ります。

書式のクリア

文字に設定した書式を一括してクリアできます。

◆《ホーム》タブ→《フォント》グループの （すべての書式をクリア）

第3章 文書の作成

5 文字の均等割り付けの設定

文字に対して均等割り付けを設定すると、指定した幅で均等に割り付けられます。

記書きの「**変更日**」と「**TEL**」を4文字分の幅に均等に割り付けましょう。

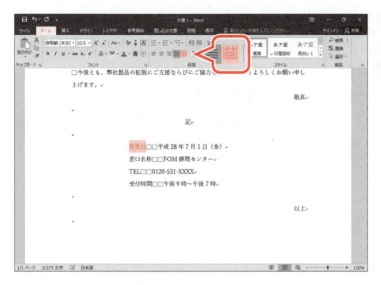

①「**変更日**」を選択します。
②《**ホーム**》タブを選択します。
③《**段落**》グループの (均等割り付け) をクリックします。

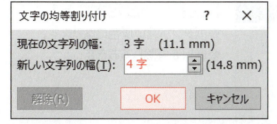

《**文字の均等割り付け**》ダイアログボックスが表示されます。
④《**新しい文字列の幅**》を「**4字**」に設定します。
⑤《**OK**》をクリックします。

文字が4文字分の幅に均等に割り付けられます。
※均等割り付けされた文字を選択すると、水色の下線が表示されます。
⑥同様に、「**TEL**」を4文字分の幅に均等に割り付けます。

> **POINT ▶▶▶**
>
> ### 文字の均等割り付けの解除
> 設定した均等割り付けを解除する方法は、次のとおりです。
> ◆文字を選択→《**ホーム**》タブ→《**段落**》グループの (均等割り付け) →《**解除**》

6 段落番号の設定

「段落番号」を使うと、段落の先頭に「1.2.3.」や「①②③」などの番号を付けることができます。
記書きに「1.2.3.」の段落番号を付けましょう。

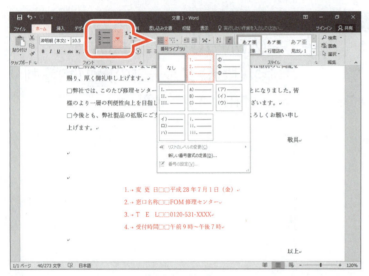

①「変更日…」で始まる行から「受付時間…」で始まる行までを選択します。
※行の左端をドラッグします。
②《ホーム》タブを選択します。
③《段落》グループの （段落番号）の をクリックします。
④《1.2.3.》をクリックします。
※一覧をポイントすると、設定後のイメージを画面で確認できます。

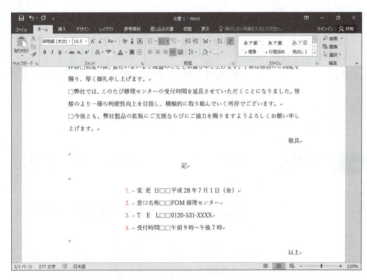

段落番号が設定されます。
※ボタンが濃い灰色になります。
※選択を解除しておきましょう。

POINT ▶▶▶

段落番号の解除

設定した段落番号を解除するには、解除する範囲を選択して （段落番号）をクリックします。設定が解除されると、ボタンが濃い灰色から標準の色に戻ります。

箇条書きの設定

STEP UP 「箇条書き」を使うと、段落の先頭に「●」や「◆」などの記号を付けることができます。
箇条書きを設定する方法は、次のとおりです。
◆《ホーム》タブ→《段落》グループの （箇条書き）の →一覧から選択

Step8 文書を印刷する

1 印刷する手順

作成した文書を印刷する手順は、次のとおりです。

2 印刷イメージの確認

画面で印刷イメージを確認することができます。
印刷の向きや余白のバランスは適当か、レイアウトが整っているかなどを確認します。

①《ファイル》タブを選択します。

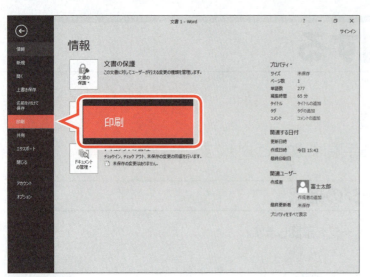

②《印刷》をクリックします。

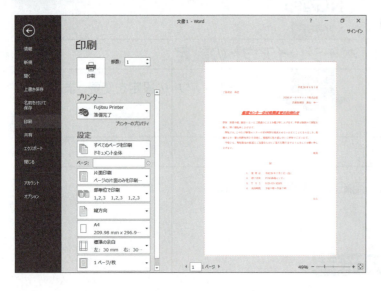

③印刷イメージを確認します。

3 ページレイアウトの設定

印刷イメージでレイアウトが整っていない場合は、ページのレイアウトを調整します。
1ページの行数を「24行」に設定しましょう。

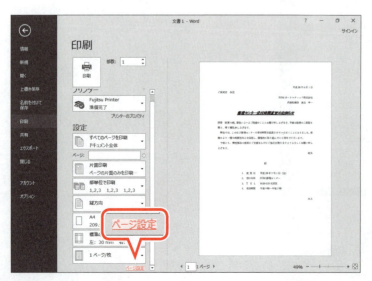

①《ページ設定》をクリックします。
※表示されていない場合は、スクロールして調整しましょう。

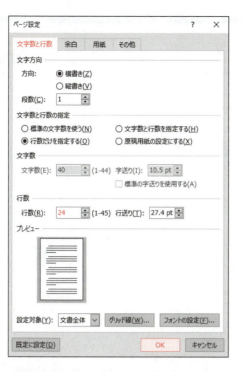

《ページ設定》ダイアログボックスが表示されます。

②《文字数と行数》タブを選択します。
③《行数》を「24」に設定します。
④《OK》をクリックします。

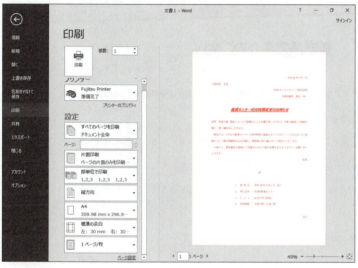

行数が変更されます。
⑤印刷イメージが変更されていることを確認します。

4 印刷

文書を1部印刷しましょう。

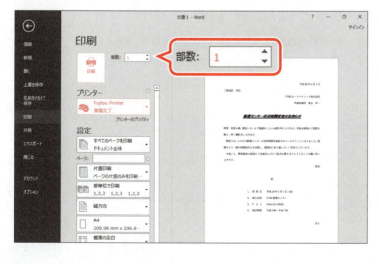

①《印刷》の《部数》が「1」になっていることを確認します。
②《プリンター》に出力するプリンターの名前が表示されていることを確認します。
※表示されていない場合は、 をクリックし一覧から選択します。
③《印刷》をクリックします。
※文書に「文書の作成完成」と名前を付けて、フォルダー「第3章」に保存し、Wordを終了しておきましょう。

Exercise 練習問題

解答 ▶ P.133

完成図のような文書を作成しましょう。

 Wordを起動し、新しい文書を作成しておきましょう。

●完成図

平成28年7月8日

お取引先　各位

オオヤマフーズ株式会社

代表取締役　吉田　恵子

新商品発表会のご案内

拝啓　盛夏の候、貴社ますますご盛栄のこととお慶び申し上げます。平素は格別のお引き立てをいただき、厚く御礼申し上げます。

　さて、弊社では「無添加」「無農薬」の素材にこだわり、カロリーダウンを徹底追及した冷凍食品シリーズ「ヘルシーおかず」をこのほど発売することとなりました。つきましては、新商品の発表会を下記のとおり開催いたしますので、是非ご出席賜りますようお願い申し上げます。

　ご多忙とは存じますが、皆様のご来場をお待ち申し上げております。

敬具

記

1. 開　催　日：　平成28年7月29日（金）
2. 時　　　間：　午前11時30分～午後3時
3. 会　　　場：　ゴールデン雅ホテル　2F　鶴の間
4. お問合せ先：　03-5283-XXXX（オオヤマフーズ株式会社広報部　直通）

以上

①次のようにページレイアウトを設定しましょう。

```
用紙サイズ    ：A4
印刷の向き    ：縦
1ページの行数：25行
```

②次のように文章を入力しましょう。

> **Hint** あいさつ文は、《挿入》タブ→《テキスト》グループの （あいさつ文の挿入）を使って挿入しましょう。

平成28年7月8日 ↵
お取引先□各位 ↵
オオヤマフーズ株式会社 ↵
代表取締役□吉田□恵子 ↵
↵
新商品発表会のご案内 ↵
↵
拝啓□盛夏の候、貴社ますますご盛栄のこととお慶び申し上げます。平素は格別のお引き立てをいただき、厚く御礼申し上げます。 ↵
□さて、弊社では「無添加」「無農薬」の素材にこだわり、カロリーダウンを徹底追及した冷凍食品シリーズ「ヘルシーおかず」をこのほど発売することとなりました。つきましては、新商品の発表会を下記のとおり開催いたしますので、是非ご出席賜りますようお願い申し上げます。 ↵
□ご多忙とは存じますが、ご来場をお待ち申し上げております。 ↵
　　　　　　　　　　　　　　　　　　　　　　　　　　　　　　敬具 ↵
↵
　　　　　　　　　　　　　　　　記 ↵
↵
開催日：□平成28年7月29日（金） ↵
時間：□午前11時30分～午後3時 ↵
会場：□ゴールデン雅ホテル□2F□鶴の間 ↵
お問合せ先：□03-5283-XXXX（広報部□直通） ↵
↵
　　　　　　　　　　　　　　　　　　　　　　　　　　　　　　以上

※ ↵ で Enter を押して改行します。
※ □ は全角空白を表します。
※「～」は「から」と入力して変換します。

③発信日付「平成28年7月8日」と発信者名「オオヤマフーズ株式会社」「代表取締役　吉田　恵子」をそれぞれ右揃えにしましょう。

④タイトル「新商品発表会のご案内」に次の書式を設定しましょう。

> フォント　　　　：HGP明朝E
> フォントサイズ：16ポイント
> 太字
> 二重下線
> 中央揃え

⑤「ご多忙とは存じますが、」の後ろに「皆様の」を挿入しましょう。

⑥発信者名の「オオヤマフーズ株式会社」を記書きの「広報部　直通」の前にコピーしましょう。

⑦「開催日…」で始まる行から「お問合せ先…」で始まる行に4文字分の左インデントを設定しましょう。

⑧記書きの「開催日」「時間」「会場」を5文字分の幅に均等に割り付けましょう。

⑨「開催日…」で始まる行から「お問合せ先…」で始まる行に「1.2.3.」の段落番号を設定しましょう。

⑩印刷イメージを確認し、1部印刷しましょう。

※文書に「第3章練習問題完成」と名前を付けて、フォルダー「第3章」に保存し、閉じておきましょう。

第4章 Chapter 4

表の作成

Step1	作成する文書を確認する	75
Step2	表を作成する	76
Step3	表の範囲を選択する	78
Step4	表のレイアウトを変更する	81
Step5	表に書式を設定する	84
Step6	表にスタイルを適用する	90
Step7	水平線を挿入する	93
練習問題		94

Step 1 作成する文書を確認する

1 作成する文書の確認

次のような文書を作成しましょう。

第4章 表の作成

平成28年7月1日

社員各位

総務部長　高田　祐一

契約施設(保養所)についてのお知らせ

　このたび、新たな施設が当社契約の保養所として利用いただけるようになりましたので、お知らせいたします。
　新しい保養所は、社員の皆様にご協力いただいたアンケートを参考にして、人気のある場所を厳選しました。余暇の充実のために有効にご活用ください。

記

1. 利用開始日　：平成28年8月1日(月)
2. 利用施設　：

施設名	場所	利用料金
海の宿 熱海	熱海	4,500円
グランドホテル滝の水	修善寺	5,000円
日光きさらぎ館	日光	4,000円

　　　　　　　　　　　　　　　　　　　　── 表のスタイルの適用

3. 申込方法　：添付の申込書に必要事項をご記入の上、担当宛にFAXしてください。

以上
担当：山城（FAX 03-5400-XXXX）

──────────── 水平線の挿入

申　込　書

部署名	
氏名	
施設名	
利用日	平成（　）年（　）月（　）日～（　）泊
利用人数	（　）人
備考	

表の作成
表のサイズ変更
セル内の配置の変更
表の配置の変更
罫線の種類や太さの設定

列幅の変更
セルの塗りつぶしの設定

行の挿入

75

Step2 表を作成する

1 表の作成

表は罫線で囲まれた「**行**」と「**列**」で構成されます。また、罫線で囲まれたひとつのマス目を「**セル**」といいます。

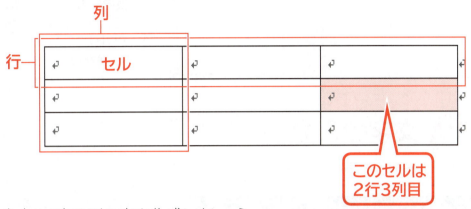

文末に5行2列の表を作成しましょう。

File OPEN　フォルダー「第4章」の文書「表の作成」を開いておきましょう。

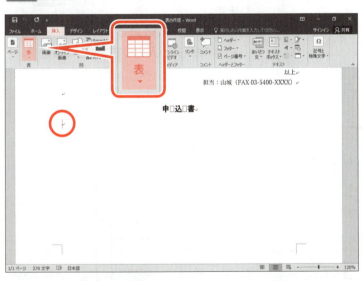

文末にカーソルを移動します。
① Ctrl + End を押します。
②《挿入》タブを選択します。
③《表》グループの (表の追加)をクリックします。

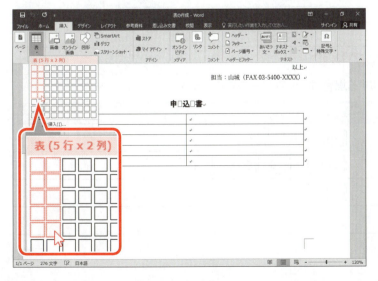

マス目が表示されます。
行数(5行)と列数(2列)を指定します。
④下に5マス分、右に2マス分の位置をポイントします。
⑤表のマス目の上に「**表(5行×2列)**」と表示されていることを確認し、クリックします。

第4章 表の作成

表が作成されます。
リボンに《表ツール》の《デザイン》タブと《レイアウト》タブが表示されます。

> **POINT ▶▶▶**
>
> **《表ツール》の《デザイン》タブと《レイアウト》タブ**
>
> 表内にカーソルがあるとき、リボンに《表ツール》の《デザイン》タブと《レイアウト》タブが表示され、表に関するコマンドが使用できる状態になります。

2 文字の入力

作成した表に文字を入力しましょう。

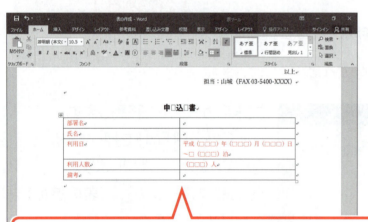

①図のように文字を入力します。
※文字を入力・確定後 Enter を押すと、改行されてセルが縦方向に広がるので注意しましょう。改行してしまった場合は、Back Space を押します。
※□は全角空白を表します。
※「~」は「から」と入力して変換します。

部署名↵	↵
氏名↵	↵
利用日↵	平成(□□□)年(□□□)月(□□□)日~□(□□□)泊↵
利用人数↵	(□□□)人↵
備考↵	↵

表内のカーソルの移動

STEP UP 表内でカーソルを移動する場合は、次のキーで操作します。

移動方向	キー
右のセルへ移動	Tab または →
左のセルへ移動	Shift + Tab または ←
上のセルへ移動	↑
下のセルへ移動	↓

Step3 表の範囲を選択する

1 セルの選択

セルを選択する方法を確認しましょう。
ひとつのセルを選択する場合は、セル内の左側をクリックします。
複数のセルをまとめて選択する場合は、開始位置のセルから終了位置のセルまでドラッグします。
「部署名」のセルを選択しましょう。次に、**「部署名」**から**「平成…」**の複数のセルをまとめて選択しましょう。

「部署名」のセルを選択します。
①図のように、選択するセル内の左側をポイントします。
マウスポインターの形が ■ に変わります。

②クリックします。
セルが選択されます。

セルの選択を解除します。
③選択されているセル以外の場所をクリックします。

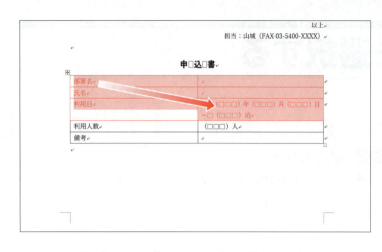

「**部署名**」から「**平成…**」のセルを選択します。

④図のように、開始位置のセルから終了位置のセルまでドラッグします。

複数のセルが選択されます。

※選択を解除しておきましょう。

2 行の選択

行を選択する方法を確認しましょう。
行を選択する場合は、行の左側をクリックします。
2行目を選択しましょう。

①図のように、選択する行の左側をポイントします。

マウスポインターの形が に変わります。

②クリックします。

行が選択されます。

※選択を解除しておきましょう。

3 列の選択

列を選択する方法を確認しましょう。
列を選択する場合は、列の上側をクリックします。
1列目を選択しましょう。

①図のように、選択する列の上側をポイントします。

マウスポインターの形が に変わります。

②クリックします。

列が選択されます。

※選択を解除しておきましょう。

> **POINT ▶▶▶**
>
> **複数行・複数列の選択**
> 複数行をまとめて選択する場合は、行の左側をドラッグします。
> 複数列をまとめて選択する場合は、列の上側をドラッグします。

4 表全体の選択

表全体を選択する方法を確認しましょう。
表全体を選択する場合は、⊕(表の移動ハンドル)をクリックします。
⊕(表の移動ハンドル)は表内をポイントすると、表の左上に表示されます。
表全体を選択しましょう。

①表内をポイントします。
※表内であれば、どこでもかまいません。
表の左上に⊕(表の移動ハンドル)が表示されます。

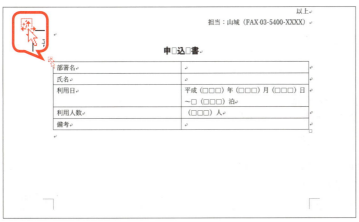

②⊕(表の移動ハンドル)をポイントします。
マウスポインターの形が に変わります。

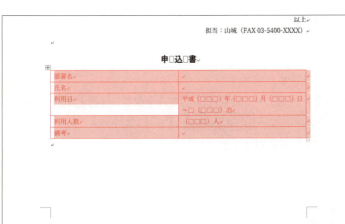

③クリックします。
表全体が選択されます。
※選択を解除しておきましょう。

Step4 表のレイアウトを変更する

1 行の挿入

作成した表に、行や列を挿入して、表のレイアウトを変更することができます。
「氏名」の行と「利用日」の行の間に1行挿入しましょう。

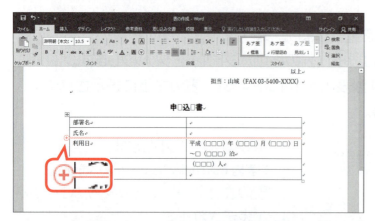

①表内をポイントします。
※表内であれば、どこでもかまいません。
②2行目と3行目の間の罫線の左側をポイントします。
罫線の左側に ⊕ が表示され、行と行の間の罫線が二重線になります。
③ ⊕ をクリックします。

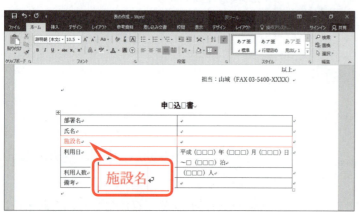

行が挿入されます。
④挿入した行の1列目に「**施設名**」と入力します。

❗ POINT ▶▶▶

表の一番上に行を挿入する

表の一番上の罫線の左側をポイントしても、⊕ は表示されません。
表の一番上に行を追加する方法は、次のとおりです。
◆1行目にカーソルを移動→《表ツール》の《レイアウト》タブ→《行と列》グループの （上に行を挿入）

📖 列の挿入

 列を挿入する方法は、次のとおりです。
◆挿入する列にカーソルを移動→《表ツール》の《レイアウト》タブ→《行と列》グループの ▣ 左に列を挿入（左に列を挿入）または ▣ 右に列を挿入（右に列を挿入）
◆挿入する列の間の罫線の上側をポイント→ ⊕ をクリック

📖 行・列の削除

 行や列を削除する方法は、次のとおりです。
◆削除する行・列を選択→ [Back Space]

2 列幅の変更

列と列の間の罫線をドラッグすると、列幅を自由に変更できます。
1列目の列幅を変更しましょう。

①1列目と2列目の間の罫線をポイントします。
マウスポインターの形が ↔ に変わります。
②図のようにドラッグします。

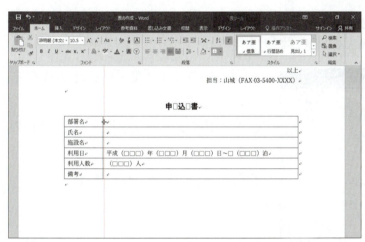

ドラッグ中、罫線が点線で表示されます。

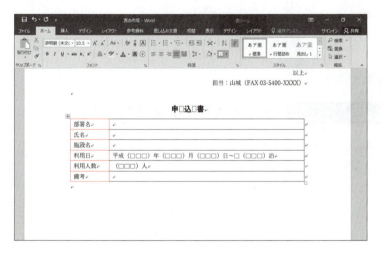

列幅が変更されます。
※表全体の幅は変わりません。

❗ POINT ▶▶▶

ダブルクリックによる列幅の変更

列の右側の罫線をダブルクリックすると、列内で最長のデータに合わせて列幅を自動的に変更できます。ダブルクリックで列幅を変更すると、表全体の幅も調整されます。

行の高さの変更

STEP UP 行の高さを変更する方法は、次のとおりです。
◆変更する行の下側の罫線をポイント→マウスポインターの形が ⇳ に変わったらドラッグ

3 表のサイズ変更

表全体のサイズを変更する場合は、□（表のサイズ変更ハンドル）をドラッグします。□（表のサイズ変更ハンドル）は表内をポイントすると表の右下に表示されます。
表のサイズを変更しましょう。

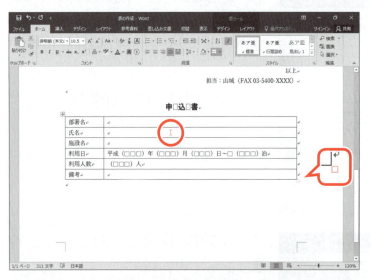

①表内をポイントします。
※表内であれば、どこでもかまいません。
表の右下に□（表のサイズ変更ハンドル）が表示されます。

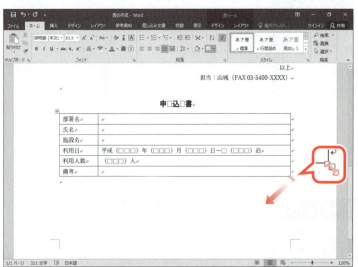

②□（表のサイズ変更ハンドル）をポイントします。
マウスポインターの形が に変わります。
③図のようにドラッグします。

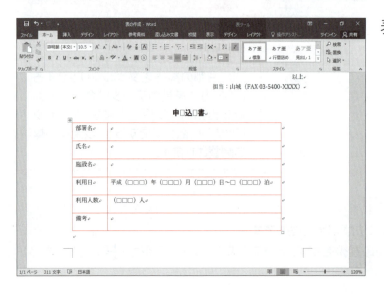

表のサイズが変更されます。

Step5 表に書式を設定する

1 セル内の配置の変更

セル内の文字は、水平方向の位置や垂直方向の位置を調整できます。
《表ツール》の《レイアウト》タブの《配置》グループの各ボタンを使って設定します。

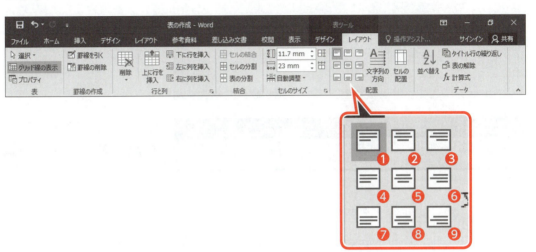

文字の配置は次のようになります。

❶両端揃え（上）
❷上揃え（中央）
❸上揃え（右）

❹両端揃え（中央）
❺中央揃え
❻中央揃え（右）

❼両端揃え（下）
❽下揃え（中央）
❾下揃え（右）

1列目を「**中央揃え**」、2列目を「**両端揃え（中央）**」に設定しましょう。

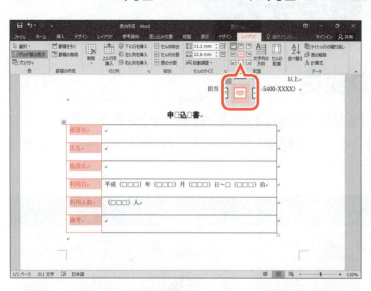

①1列目を選択します。
※列の上側をクリックします。
②《**表ツール**》の《**レイアウト**》タブを選択します。
③《**配置**》グループの ▤ （中央揃え）をクリックします。

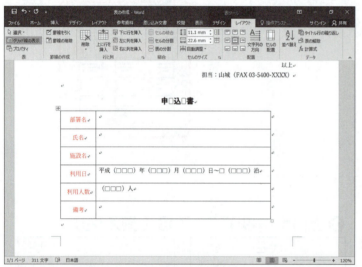

中央揃えになります。
※選択を解除しておきましょう。

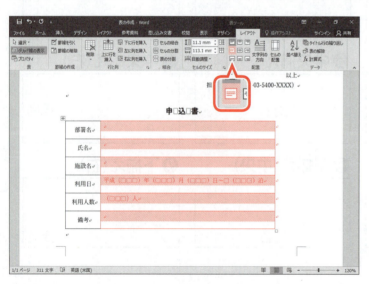

④2列目を選択します。
※列の上側をクリックします。
⑤《**配置**》グループの ▤ （両端揃え（中央））をクリックします。

両端揃え(中央)になります。
※選択を解除しておきましょう。

2 表の配置の変更

セル内の文字の配置を変更するには、**《表ツール》**の**《レイアウト》**タブの**《配置》**グループから操作しますが、表全体の配置を変更するには、**《ホーム》**タブの**《段落》**グループから操作します。
表全体を行の中央に配置しましょう。

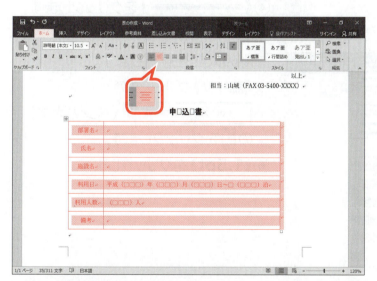

①表全体を選択します。
※表内をポイントし、⊞(表の移動ハンドル)をクリックします。
②**《ホーム》**タブを選択します。
③**《段落》**グループの ≡ (中央揃え)をクリックします。

表全体が中央揃えになります。
※ボタンが濃い灰色になります。
※選択を解除しておきましょう。

3 罫線の種類や太さの設定

罫線の種類や太さ、色を設定できます。
表の外枠の罫線を次のように設定しましょう。

> 罫線の種類：━━━━━
> 罫線の太さ：1.5pt
> 罫線の色　：青、アクセント5、黒+基本色25％

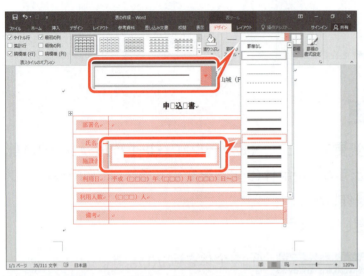

①表全体を選択します。
※表内をポイントし、✣(表の移動ハンドル)をクリックします。

罫線の種類を選択します。

②《表ツール》の《デザイン》タブを選択します。

③《飾り枠》グループの ━━━━━ （ペンのスタイル）の ▼ をクリックします。

④《━━━━━》をクリックします。

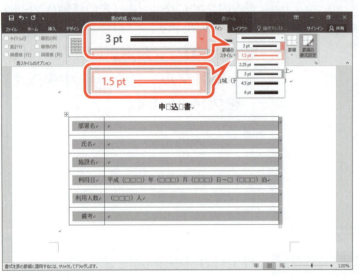

罫線の太さを選択します。

⑤《飾り枠》グループの 3 pt ━━━━━ （ペンの太さ）の ▼ をクリックします。

⑥《1.5pt》をクリックします。

第4章 表の作成

87

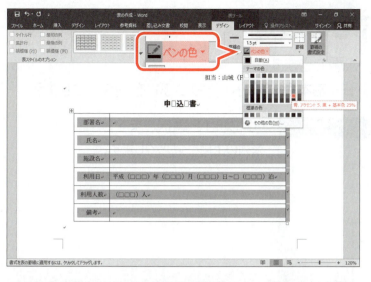

⑦《飾り枠》グループの ペンの色▼ (ペンの色)をクリックします。

⑧《テーマの色》の《青、アクセント5、黒＋基本色25％》をクリックします。

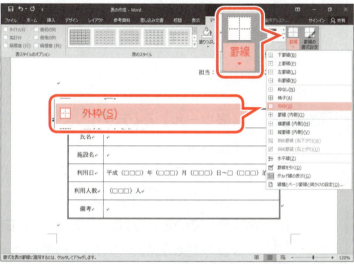

⑨《飾り枠》グループの (罫線)の 罫線 をクリックします。

⑩《外枠》をクリックします。

※一覧をポイントすると、設定後のイメージを画面で確認できます。

※ボタンの絵柄が (罫線)に変わります。

表の外枠の罫線が設定されます。
※選択を解除しておきましょう。

4 セルの塗りつぶしの設定

表内のセルに色を塗って強調できます。
1列目に「青、アクセント5、白+基本色60%」の塗りつぶしを設定しましょう。

①1列目を選択します。
※列の上側をクリックします。

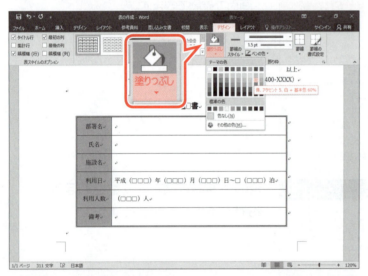

②《表ツール》の《デザイン》タブを選択します。
③《表のスタイル》グループの (塗りつぶし)の をクリックします。
④《テーマの色》の《青、アクセント5、白+基本色60%》をクリックします。
※一覧をポイントすると、設定後のイメージを画面で確認できます。

1列目に塗りつぶしが設定されます。
※選択を解除しておきましょう。

POINT ▶▶▶

セルの塗りつぶしの解除

セルの塗りつぶしを解除するには、セルを選択し、 (塗りつぶし)の をクリックして一覧から《色なし》を選択します。

Step6 表にスタイルを適用する

1 表のスタイルの適用

「**表のスタイル**」とは、罫線や塗りつぶしの色など表全体の書式を組み合わせたものです。たくさんの種類が用意されており、一覧から選択するだけで簡単に表の見栄えを整えることができます。

あらかじめ作成されている「**利用施設**」の表に、スタイル「**グリッド（表）4-アクセント5**」を適用しましょう。

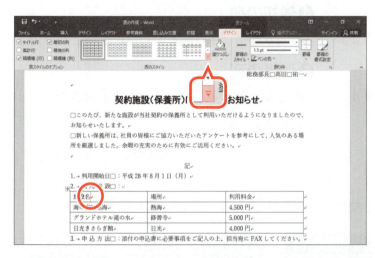

①表内にカーソルを移動します。
※表内であれば、どこでもかまいません。
②《**表ツール**》の《**デザイン**》タブを選択します。
③《**表のスタイル**》グループの ▼（その他）をクリックします。

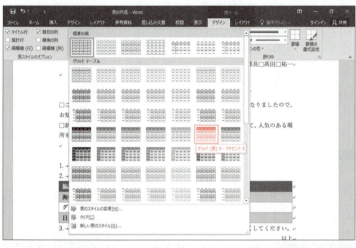

④《**グリッドテーブル**》の《**グリッド（表）4-アクセント5**》をクリックします。
※一覧をポイントすると、設定後のイメージを画面で確認できます。

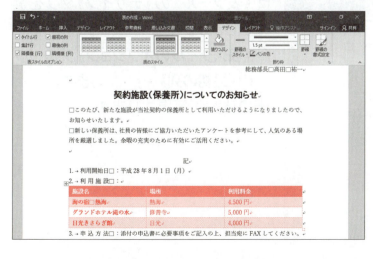

表にスタイルが適用されます。

90

2 表スタイルのオプションの設定

「**表スタイルのオプション**」を使うと、タイトル行を強調したり、最初の列や最後の列を強調したり、縞模様で表示したりなど、表の体裁を変更できます。

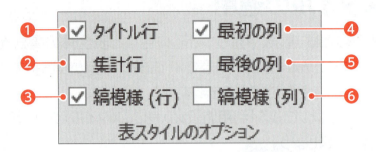

❶タイトル行
☑にすると、表の最初の行が強調されます。

❷集計行
☑にすると、表の最後の行が強調されます。

❸縞模様（行）
☑にすると、行方向の縞模様が設定されます。

❹最初の列
☑にすると、表の最初の列が強調されます。

❺最後の列
☑にすると、表の最後の列が強調されます。

❻縞模様（列）
☑にすると、列方向の縞模様が設定されます。

表スタイルのオプションを使って、1列目の強調を解除しましょう。

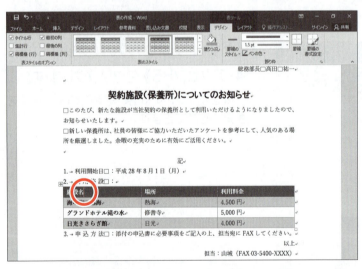

①表内にカーソルがあることを確認します。

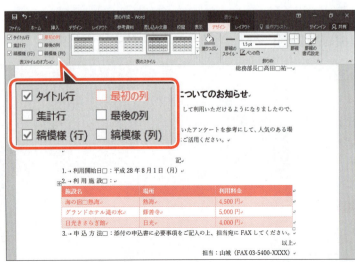

②《**表ツール**》の《**デザイン**》タブを選択します。
③《**表スタイルのオプション**》グループの《**最初の列**》を☐にします。
表の体裁が変更されます。

> **POINT ▶▶▶**
>
> ### 表の書式のクリア
> 表のスタイルを解除して、もとの罫線の状態にする方法は、次のとおりです。
> ◆表内にカーソルを移動→《表ツール》の《デザイン》タブ→《表のスタイル》グループの ▼ （その他）→《標準の表》の《表（格子）》
>
> 罫線や文字の配置を含めて、表の書式をすべて解除する方法は、次のとおりです。
> ◆表内にカーソルを移動→《表ツール》の《デザイン》タブ→《表のスタイル》グループの ▼ （その他）→《クリア》

Let's Try ためしてみよう

次のように「利用施設」の表を編集しましょう。

```
                契約施設（保養所）についてのお知らせ

 □このたび、新たな施設が当社契約の保養所として利用いただけるようになりましたので、
 お知らせいたします。
 □新しい保養所は、社員の皆様にご協力いただいたアンケートを参考にして、人気のある場
 所を厳選しました。余暇の充実のために有効にご活用ください。

                         記
 1.→利用開始日□：平成28年8月1日（月）
 2.→利用 施 設□：
           ┌──────────────┬──────┬────────┐
           │  施設名      │ 場所  │ 利用料金 │
           ├──────────────┼──────┼────────┤
           │海の宿□熱海   │熱海  │ 4,500円 │
           │グランドホテル滝の水│修善寺 │ 5,000円 │
           │日光きさらぎ館  │日光  │ 4,000円 │
           └──────────────┴──────┴────────┘
 3.→申 込 方 法□：添付の申込書に必要事項をご記入の上、担当宛にFAXしてください。
                                        以上
```

①上の図を参考に、すべての列幅を変更しましょう。
②1行目の項目名をセル内で「上揃え（中央）」に設定しましょう。
③「4,500円」「5,000円」「4,000円」のセルを「上揃え（右）」に設定しましょう。
④表全体を行の中央に配置しましょう。

Let's Try Answer

①
①1列目と2列目の間の罫線をドラッグ
②2列目と3列目の間の罫線をドラッグ
③3列目の右側の罫線をドラッグ

②
①1行目を選択
②《表ツール》の《レイアウト》タブを選択
③《配置》グループの ▭ （上揃え（中央））をクリック

③
①「4,500円」「5,000円」「4,000円」のセルを選択
②《表ツール》の《レイアウト》タブを選択
③《配置》グループの ▭ （上揃え（右））をクリック

④
①表全体を選択
②《ホーム》タブを選択
③《段落》グループの ≡ （中央揃え）をクリック

Step7 水平線を挿入する

1 水平線の挿入

「水平線」を使うと、文書内にグレーの実線を挿入できます。文書の区切りをすばやく挿入したいときに便利です。

「申　込　書」の上の行に水平線を挿入しましょう。

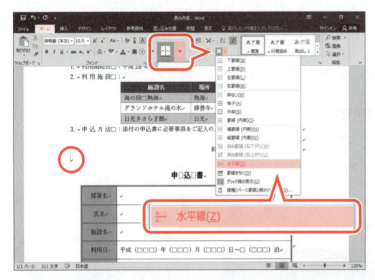

①「申　込　書」の上の行にカーソルを移動します。
②《ホーム》タブを選択します。
③《段落》グループの ▦▾ （罫線）の ▾ をクリックします。
④《水平線》をクリックします。

水平線が挿入されます。
※文書に「表の作成完成」と名前を付けて、フォルダー「第4章」に保存し、閉じておきましょう。

第4章　表の作成

Exercise 練習問題

解答 ▶ P.134

完成図のような文書を作成しましょう。

 フォルダー「第4章」の文書「第4章練習問題」を開いておきましょう。

●完成図

平成 28 年 11 月 1 日

塾生・保護者 各位

上進予備校

冬期講習のご案内

志望校合格に向けて、追い込みの時期となりました。
冬期講習では、本番の試験を意識しながら、点数に結び付く実戦力を養成することを目的に学習します。冬休みの限られた時間を有効に活用できるチャンスです。皆様の積極的なご参加をお待ちしております。

記

- 日　　程：12 月 23 日（金）〜12 月 29 日（木）、1 月 4 日（水）〜1 月 9 日（月）
- 費　　用：各コース 35,000 円（税込）
- 申込方法：予備校受付窓口にて申込手続き
- 申込期限：12 月 6 日（火）17:00 まで
- 講　　座：

講座名	時間	講師名	教室
私立文系コース	10：00〜12：00	島田　直子	S507
私立理系コース	10：00〜12：00	大塚　俊也	R203
国立文系コース	13：00〜15：00	沢田　啓太	N309
国立理系コース	13：00〜15：00	小川　貴子	R205
医学部コース	16：00〜18：00	藤井　純一	M605

以上

第4章 表の作成

①「●講座:」の下の行に5行4列の表を作成しましょう。

②次のように、表に文字を入力しましょう。

講座名	時間	講師名	教室
私立文系コース	10:00～12:00	島田□直子	S507
私立理系コース	10:00～12:00	大塚□俊也	R203
国立文系コース	13:00～15:00	沢田□啓太	N309
医学部コース	16:00～18:00	藤井□純一	M605

※「～」は「から」と入力して変換します。
※□は全角空白を表します。

③「国立文系コース」と「医学部コース」の間に1行挿入しましょう。また、挿入した行に次のように入力しましょう。

国立理系コース	13:00～15:00	小川□貴子	R205

④表にスタイル「**グリッド(表)4-アクセント2**」を適用しましょう。

⑤表内のすべての文字をセル内で中央揃えにしましょう。

⑥完成図を参考に、「**教室**」の列幅を変更しましょう。

⑦完成図を参考に、表のサイズを縦方向に拡大しましょう。

⑧表全体を行の中央に配置しましょう。

※文書に「第4章練習問題完成」と名前を付けて、フォルダー「第4章」に保存し、閉じておきましょう。

Chapter 5
第5章

グラフィック機能の利用

Step1	作成する文書を確認する	97
Step2	ワードアートを挿入する	98
Step3	画像を挿入する	105
Step4	ページ罫線を設定する	114
練習問題		116

Step 1 作成する文書を確認する

1 作成する文書の確認

次のような文章を作成しましょう。

- 新設講座のご案内 → ワードアートの挿入／フォント・フォントサイズの設定／形状の設定／移動
- 画像 → 画像の挿入／文字列の折り返しの設定／サイズ変更・移動／図のスタイルの適用／枠線の設定
- 外枠 → ページ罫線の設定

第5章 グラフィック機能の利用

Step2 ワードアートを挿入する

1 ワードアート

「ワードアート」を使うと、文字の周囲に輪郭を付けたり、影や光彩で立体的にしたりして、文字を簡単に装飾できます。強調したい文字は、ワードアートを使って表現すると、見る人にインパクトを与えることができます。

新設講座のご案内

新設講座のご案内

新設講座のご案内

2 ワードアートの挿入

ワードアートを使って、1行目に**「新設講座のご案内」**というタイトルを挿入しましょう。

ワードアートのスタイルは**「塗りつぶし-青、アクセント1、影」**にします。

File OPEN フォルダー「第5章」の文書「グラフィック機能の利用」を開いておきましょう。

① 1行目にカーソルがあることを確認します。

② 《挿入》タブを選択します。

③ 《テキスト》グループの ![A] (ワードアートの挿入)をクリックします。

④ 《塗りつぶし-青、アクセント1、影》をクリックします。

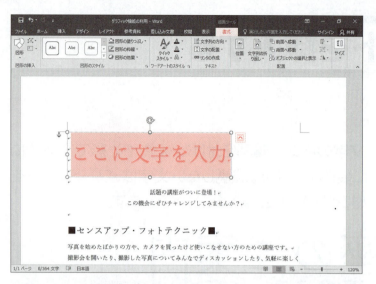

⑤「**ここに文字を入力**」が選択されていることを確認します。
ワードアートの右側に 📄 (レイアウトオプション) が表示され、リボンに《**描画ツール**》の《**書式**》タブが表示されます。

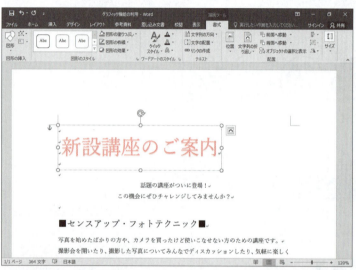

⑥「**新設講座のご案内**」と入力します。

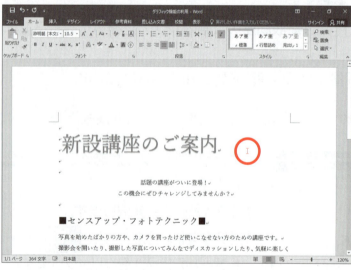

⑦ワードアート以外の場所をクリックします。
ワードアートの選択が解除され、ワードアートの文字が確定します。

> ❗ **POINT** ▶▶▶
>
> **レイアウトオプション**
> ワードアートを選択すると、ワードアートの右側に 📄 (レイアウトオプション) が表示されます。
> 📄 (レイアウトオプション) では、ワードアートの周囲にどのように文字を配置するかを設定できます。

> ❗ **POINT** ▶▶▶
>
> **《描画ツール》の《書式》タブ**
> ワードアートが選択されているとき、リボンに《描画ツール》の《書式》タブが表示され、ワードアートの書式に関するコマンドが使用できる状態になります。

3 ワードアートのフォント・フォントサイズの設定

挿入したワードアートのフォントやフォントサイズは、文字と同様に設定することができます。
ワードアートに次の書式を設定しましょう。

フォント	：HGP明朝B
フォントサイズ	：48ポイント

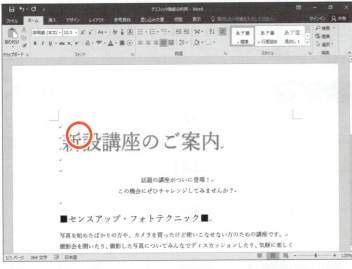

ワードアートを選択します。
①ワードアートの文字上をクリックします。

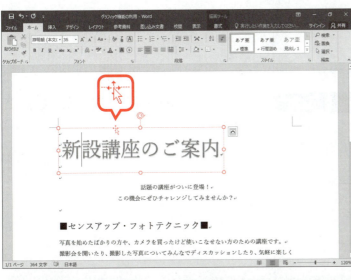

ワードアートが点線で囲まれ、○（ハンドル）が表示されます。
②ワードアートの枠線をポイントします。マウスポインターの形が に変わります。
③点線上をクリックします。

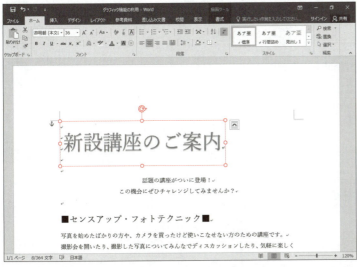

ワードアートが選択されます。
ワードアートの周囲の枠線が、点線から実線に変わります。

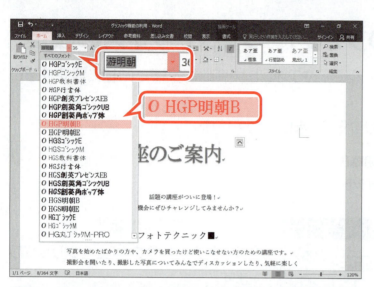

④《**ホーム**》タブを選択します。
⑤《**フォント**》グループの 游明朝(本文() （フォント）の をクリックし、一覧から《**HGP明朝B**》を選択します。
※一覧をポイントすると、設定後のイメージを画面で確認できます。

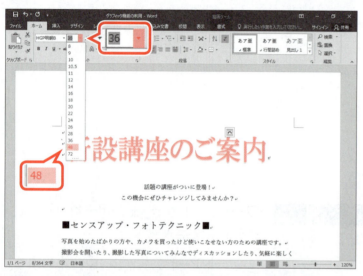

ワードアートのフォントが設定されます。
⑥《**フォント**》グループの 36 （フォントサイズ）の をクリックし、一覧から《**48**》を選択します。
※一覧をポイントすると、設定後のイメージを画面で確認できます。

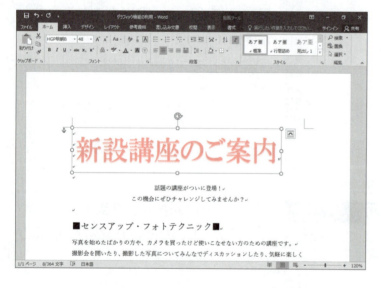

ワードアートのフォントサイズが設定されます。

> **POINT**
>
> **ワードアートの枠線**
>
> ワードアート上をクリックすると、カーソルが表示され、ワードアートが点線（----------）で囲まれます。この状態のとき、文字を編集したり文字の一部の書式を設定したりできます。
> ワードアートの枠線上をクリックすると、ワードアート全体が選択され、ワードアートが実線（————）で囲まれます。この状態のとき、ワードアート内のすべての文字に書式を設定できます。
>
> ●ワードアート内にカーソルがある状態
>
>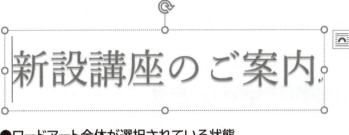
>
> ●ワードアート全体が選択されている状態
>
>

4 ワードアートの形状の設定

ワードアートを挿入したあと、文字の色や輪郭、効果などを設定できます。
文字の色を設定するには、 ▲ （文字の塗りつぶし）を使います。
文字の輪郭の色や太さを設定するには、 ▲ （文字の輪郭）を使います。
文字を回転させたり変形したりするには、 ▲ （文字の効果）を使います。
ワードアートの形状を**「大波1」**にしましょう。

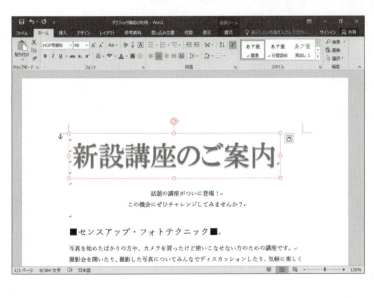

①ワードアートが選択されていることを確認します。

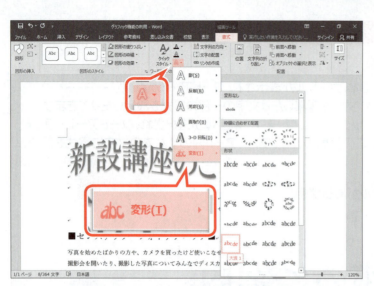

②《書式》タブを選択します。

③《ワードアートのスタイル》グループの （文字の効果）をクリックします。

④《変形》をポイントします。

⑤《形状》の《大波1》をクリックします。

※一覧をポイントすると、設定後のイメージを画面で確認できます。

ワードアートの形状が設定されます。

POINT ▶▶▶

文字の効果

文書中に入力している通常の文字にも視覚効果を設定して、ワードアートのように強調できます。

文字の効果を設定する方法は、次のとおりです。

◆《ホーム》タブ→《フォント》グループの （文字の効果と体裁）

5 ワードアートの移動

ワードアートを移動するには、ワードアートの周囲の枠線をドラッグします。ワードアートを移動すると、本文と余白の境界や文書の中央などに緑色の線が表示されます。この線を**「配置ガイド」**といいます。ワードアートを本文の左右や本文の中央にそろえて配置するときなどに目安として利用できます。
ワードアートを移動し、配置ガイドを使って本文の中央に配置しましょう。

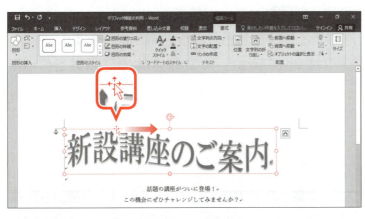

①ワードアートが選択されていることを確認します。
②ワードアートの枠線をポイントします。マウスポインターの形が に変わります。
③図のように、右にドラッグします。

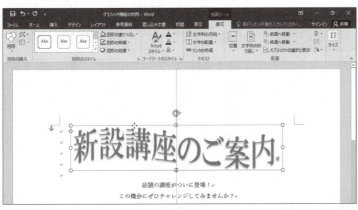

ドラッグしている位置によって配置ガイドが表示されます。
④本文の中央に配置ガイドが表示されている状態でドラッグを終了します。

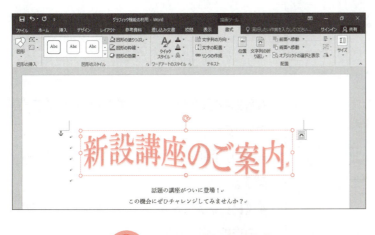

ワードアートが移動し、本文の中央に配置されます。
※選択を解除しておきましょう。

> **! POINT ▶▶▶**
>
> **ワードアートのサイズ変更**
>
> ワードアートのサイズを変更するには、ワードアートを選択し、周囲に表示される○(ハンドル)をドラッグします。
> ワードアートのサイズを変更するときにも配置ガイドが表示されます。ワードアートと画像の高さを合わせるときなどに、目安として利用できます。

Step3 画像を挿入する

1 画像

「**画像**」とは、写真やイラストをデジタル化したデータのことです。
デジタルカメラで撮影したりスキャナで取り込んだりした画像を文書に挿入できます。Wordでは画像のことを「**図**」ともいいます。
写真には、文書の情報にリアリティを持たせるという効果があります。
また、イラストには、文書のアクセントになったり、文書全体の雰囲気を作ったりする効果があります。

2 画像の挿入

「■センスアップ・フォトテクニック■」の下の行に、フォルダー「**第5章**」の画像「**チョウ**」を挿入しましょう。

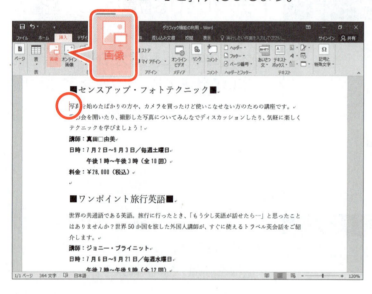

①「■**センスアップ・フォトテクニック■**」の下の行にカーソルを移動します。
※画像は、カーソルのある位置に挿入されます。
②《**挿入**》タブを選択します。
③《**図**》グループの ![] （ファイルから）をクリックします。

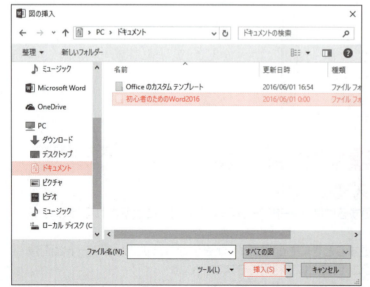

《**図の挿入**》ダイアログボックスが表示されます。
画像が保存されている場所を選択します。
④《**PC**》の《**ドキュメント**》をクリックします。
※《**ドキュメント**》が開かれていない場合は、《**PC**》→《**ドキュメント**》をクリックします。
⑤一覧から「**初心者のためのWord2016**」を選択します。
⑥《**挿入**》をクリックします。

第5章 グラフィック機能の利用

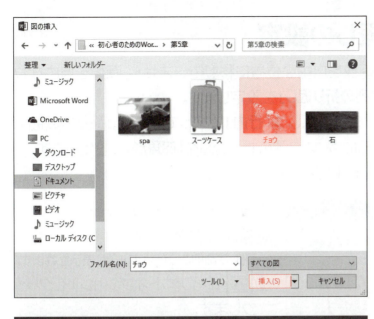

⑦一覧から「**第5章**」を選択します。
⑧《**挿入**》をクリックします。
挿入する画像ファイルを選択します。
⑨一覧から「**チョウ**」を選択します。
⑩《**挿入**》をクリックします。

画像が挿入されます。
画像の右側に 🗔 (レイアウトオプション) が表示され、リボンに《**図ツール**》の《**書式**》タブが表示されます。
⑪画像の周囲に○ (ハンドル) が表示され、画像が選択されていることを確認します。

⑫画像以外の場所をクリックします。
画像の選択が解除されます。

> **! POINT ▶▶▶**
>
> **《図ツール》の《書式》タブ**
> 画像が選択されているとき、リボンに《図ツール》の《書式》タブが表示され、画像の書式に関するコマンドが使用できる状態になります。

3 文字列の折り返しの設定

画像を挿入した直後は、画像を自由な位置に移動できません。画像を自由な位置に移動するには、「**文字列の折り返し**」を設定します。

初期の設定では、文字列の折り返しは「**行内**」になっています。画像の周囲に沿って本文を周り込ませるには、文字列の折り返しを「**四角形**」に設定します。

文字列の折り返しを「**四角形**」に設定しましょう。

①画像をクリックします。

画像が選択されます。

※画像の周囲に○（ハンドル）が表示されます。

② (レイアウトオプション)をクリックします。

《レイアウトオプション》が表示されます。

③《文字列の折り返し》の (四角形)をクリックします。

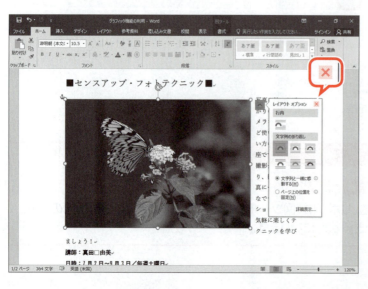

④《レイアウトオプション》の (閉じる)をクリックします。

《レイアウトオプション》が閉じられます。
文字列の折り返しが四角形に設定され、画像の周囲に本文が周り込みます。

文字列の折り返し

文字列の折り返しには、次のようなものがあります。

●行内

文字と同じ扱いで画像が挿入されます。
1行の中に文字と画像が配置されます。

●四角形　　●狭く　　●内部

文字が画像の周囲に周り込んで配置されます。

●上下

文字が行単位で画像を避けて配置されます。

●背面　　●前面

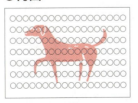 

文字と画像が重なって配置されます。

4 画像のサイズ変更と移動

画像を挿入したあと、文書に合わせて画像のサイズを変更したり、移動したりできます。
画像をサイズ変更したり、移動したりするときにも、配置ガイドが表示されます。配置ガイドに合わせてサイズ変更したり、移動したりすると、すばやく目的の位置に配置できます。

1 画像のサイズ変更

画像のサイズを変更するには、画像を選択し、周囲に表示される○（ハンドル）をドラッグします。
画像のサイズを変更しましょう。

①画像が選択されていることを確認します。
②右下の○（ハンドル）をポイントします。マウスポインターの形が に変わります。
③図のように、左上にドラッグします。

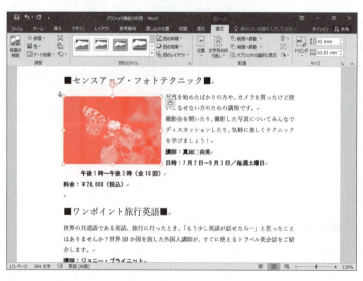

画像のサイズが変更されます。
※画像のサイズ変更に合わせて、文字が周り込みます。

2 画像の移動

文字列の折り返しを**「行内」**から**「四角形」**にすると、画像を自由な位置に移動できるようになります。画像を移動するには、画像をドラッグします。
画像を移動し、配置ガイドを使って本文の右側に配置しましょう。

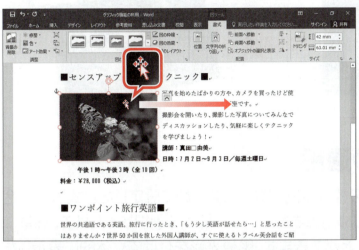

①画像が選択されていることを確認します。
②画像をポイントします。
マウスポインターの形が に変わります。
③図のように、移動先までドラッグします。

④本文の右側に配置ガイドが表示されている状態でドラッグを終了します。

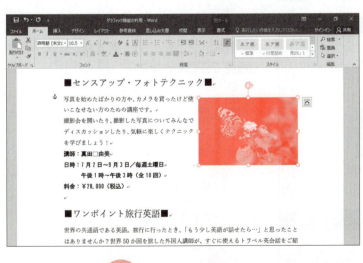

画像が移動し、本文の右側に配置されます。
※画像の移動に合わせて、文字が周り込みます。

> **! POINT ▶▶▶**
>
> **ライブレイアウト**
> 「ライブレイアウト」とは、画像などの動きに合わせて、文字がどのように周り込んで表示されるかを確認できる機能です。文字の周り込みをリアルタイムで確認しながらサイズ変更したり、移動したりできます。

画像の回転

STEP UP 画像は自由な角度に回転できます。画像を回転するには、画像の上側に表示される ⟳ をポイントし、マウスポインターの形が変わったらドラッグします。

5 図のスタイルの適用

「図のスタイル」は、画像の枠線や効果などをまとめて設定した書式の組み合わせのことです。あらかじめ用意されている一覧から選択するだけで、簡単に画像の見栄えを整えることができます。影や光彩を付けて立体的に表示したり、画像にフレームを付けて装飾したりできます。

画像にスタイル**「回転、白」**を適用しましょう。

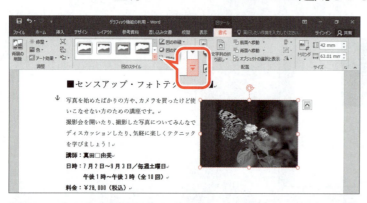

①画像が選択されていることを確認します。
②《書式》タブを選択します。
③《図のスタイル》グループの ▼ (その他) をクリックします。

④《回転、白》をクリックします。
※一覧をポイントすると、設定後のイメージを画面で確認できます。

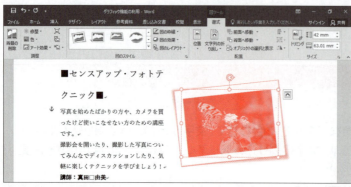

図のスタイルが適用されます。

6 画像の枠線の設定

画像のスタイルを適用したあと、枠線の色や太さ、影やぼかしなどの効果を設定できます。
枠線の色や太さを設定するには、 図の枠線 ▼ （図の枠線）を使います。
影やぼかしなどの効果を設定するには、 図の効果 ▼ （図の効果）を使います。
画像の枠線の太さを「**4.5pt**」に設定しましょう。

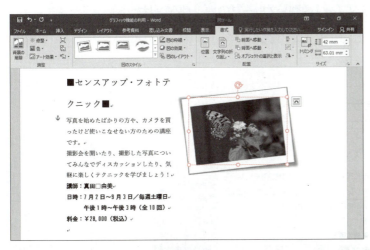

①画像が選択されていることを確認します。

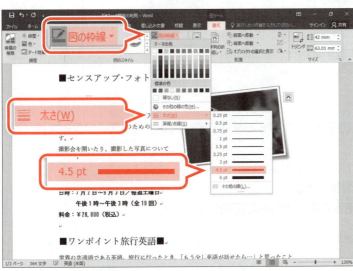

②《書式》タブを選択します。
③《図のスタイル》グループの 図の枠線 ▼ （図の枠線）をクリックします。
④《太さ》をポイントします。
⑤《4.5pt》をクリックします。
※一覧をポイントすると、設定後のイメージを画面で確認できます。

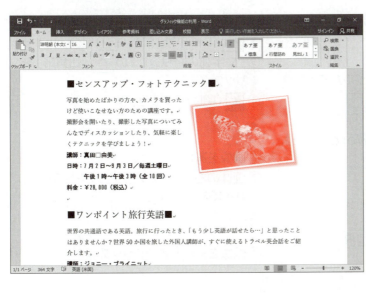

枠線の太さが設定されます。
※図のように、画像のサイズと位置を調整しておきましょう。
※選択を解除しておきましょう。

画像の明るさやコントラストの調整

画像の明るさ、コントラストなどを調整できます。

◆画像を選択→《書式》タブ→《調整》グループの ▣修整▼ （修整）→一覧から選択

図のリセット

「図のリセット」を使うと、画像の枠線や効果などの設定を解除し、挿入した直後の状態に戻すことができます。
図をリセットする方法は、次のとおりです。

◆画像を選択→《書式》タブ→《調整》グループの ▣ （図のリセット）

 ためしてみよう

次のように画像を挿入しましょう。

① 「■ワンポイント旅行英語■」の下の行に、フォルダー「第5章」の画像「スーツケース」を挿入しましょう。
② 文字列の折り返しを「四角形」に設定しましょう。
③ 図を参考に、画像のサイズを調整しましょう。
④ 画像を移動し、配置ガイドを使って本文の右側に配置しましょう。

Let's Try Answer

①
①「■ワンポイント旅行英語■」の下の行にカーソルを移動
②《挿入》タブを選択
③《図》グループの （ファイルから）をクリック
④《PC》の《ドキュメント》をクリック
⑤一覧から《初心者のためのWord2016》を選択
⑥《挿入》をクリック
⑦一覧から「第5章」を選択
⑧《挿入》をクリック
⑨一覧から「スーツケース」を選択
⑩《挿入》をクリック

②
①画像を選択
② ▣（レイアウトオプション）をクリック
③《文字列の折り返し》の ▣（四角形）をクリック
④ ✕（閉じる）をクリック

③
①画像を選択
②画像の右下の○（ハンドル）をドラッグし、サイズを調整

④
①画像を移動先までドラッグ

Step 4 ページ罫線を設定する

1 ページ罫線の設定

「ページ罫線」を使うと、用紙の周囲に罫線を引いて、ページ全体を飾ることができます。
ページ罫線には、線の種類や絵柄が豊富に用意されています。
次のようなページ罫線を設定しましょう。

> 絵柄　　　：▧▧▧▧
> 色　　　　：濃い赤
> 線の太さ：15pt

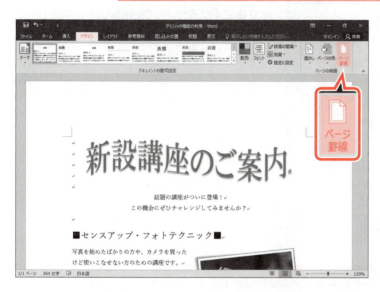

①《デザイン》タブを選択します。
②《ページの背景》グループの (罫線と網掛け)をクリックします。

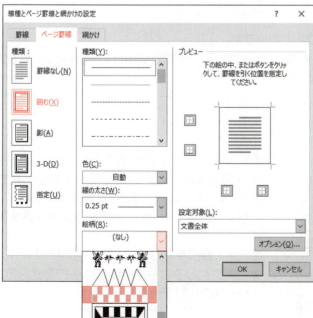

《線種とページ罫線と網かけの設定》ダイアログボックスが表示されます。
③《ページ罫線》タブを選択します。
④左側の《種類》の《囲む》をクリックします。
⑤《絵柄》の をクリックし、一覧から《▧▧▧▧》を選択します。

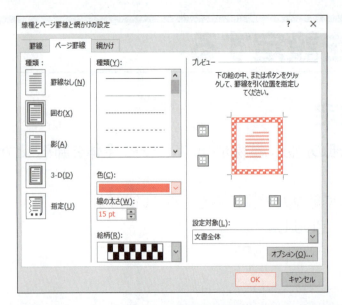

⑥《色》の をクリックし、一覧から《標準の色》の《濃い赤》を選択します。
⑦《線の太さ》を「15pt」に設定します。
⑧設定した内容を《プレビュー》で確認します。
⑨《OK》をクリックします。

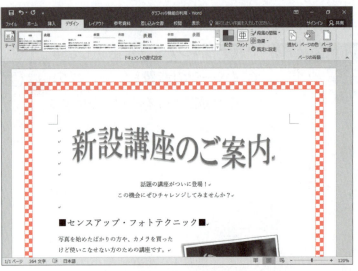

ページ罫線が設定されます。
※文書に「グラフィック機能の利用完成」と名前を付けて、フォルダー「第5章」に保存し、閉じておきましょう。

 POINT ▶▶▶

ページ罫線の解除
ページ罫線を解除する方法は、次のとおりです。
◆《デザイン》タブ→《ページの背景》グループの （罫線と網掛け）→《ページ罫線》タブ→左側の《種類》の《罫線なし》

テーマの適用

「テーマ」とは、文書全体の配色やフォント、段落や行間の間隔などを組み合わせて登録したものです。テーマを適用すると、文書全体のデザインが一括して設定され、統一感のある文書を作成できます。
テーマを適用する方法は、次のとおりです。
◆《デザイン》タブ→《ドキュメントの書式設定》グループの （テーマ）

第5章 グラフィック機能の利用

Exercise 練習問題

解答 ▶ P.134

完成図のような文書を作成しましょう。

File OPEN フォルダー「第5章」の文書「第5章練習問題」を開いておきましょう。

●完成図

Stone Spa FOM
岩盤浴とアロマトリートメントのある新リラックス空間
Detox & Spa

ストーン・スパ「エフオーエム」がついにOPEN！

◆◇◆◇◆◇◆◇◆◇◆◇◆◇◆◇ MENU ◆◇◆◇◆◇◆◇◆◇◆◇◆◇◆◇

■岩盤浴

ハワイ島・キラウェア火山の溶岩石をぜいたくに使用した岩盤浴です。遠赤外線とマイナスイオン効果により芯から身体を温めて代謝を活発にします。

<u>1時間　¥4,000-（税込）</u>

■アロマトリートメント

カウンセリングをもとに、ひとりひとりの体質に合わせて調合したオリジナルのアロマオイルで、全身を丁寧にトリートメントします。

<u>1時間　¥8,000-（税込）</u>

■岩盤浴セットコース

岩盤浴で多量の汗と一緒に体内の老廃物や毒素を排出したあと、肩と背中を重点的にトリートメントします。

<u>1時間30分　¥10,000-（税込）</u>

Stone Spa FOM

営　業　時　間：午前11時～午後11時（最終受付午後9時）
住　　　　所：東京都新宿区神楽坂3-X-X
電　話　番　号：0120-XXX-XXX
メールアドレス：customer@XX.XX

第5章 グラフィック機能の利用

①ワードアートを使って、1行目に「Stone Spa FOM」というタイトルを挿入しましょう。ワードアートのスタイルは「塗りつぶし（グラデーション）-ゴールド、アクセント4、輪郭-アクセント4」にします。

②ワードアートのフォントサイズを「72」ポイントに設定しましょう。

③完成図を参考に、ワードアートの位置とサイズを調整しましょう。

④1行目にフォルダー「第5章」の画像「石」を挿入しましょう。

⑤画像の文字列の折り返しを「背面」に設定しましょう。

⑥完成図を参考に、画像の位置とサイズを調整しましょう。

⑦「■岩盤浴」の下の行にフォルダー「第5章」の画像「spa」を挿入しましょう。

⑧⑦で挿入した画像の文字列の折り返しを「四角形」に設定しましょう。

⑨⑦で挿入した画像にスタイル「対角を丸めた四角形、白」を適用しましょう。

⑩⑦で挿入した画像の枠線の太さを「3pt」に設定しましょう。

⑪完成図を参考に、⑦で挿入した画像の位置とサイズを調整しましょう。

※文書に「第5章練習問題完成」と名前を付けて、フォルダー「第5章」に保存し、閉じておきましょう。

Exercise

総合問題

総合問題1	119
総合問題2	122
総合問題3	125
総合問題4	127
総合問題5	129

Exercise 総合問題1

完成図のような文書を作成しましょう。

 Wordを起動し、新しい文書を作成しておきましょう。

●完成図

平成 28 年 7 月吉日

カワサキ機器販売株式会社

　代表取締役　川崎　啓吾　様

FOM システムサポート株式会社

代表取締役　井本　和也

東大阪支店移転のお知らせ

拝啓　盛夏の候、貴社ますますご盛栄のこととお慶び申し上げます。平素は格別のお引き立てをいただき、厚く御礼申し上げます。

　このたび、東大阪支店を移転することとなりましたので、下記のとおり、お知らせいたします。

　今後とも引き続き一層のご愛顧を賜りますようお願い申し上げます。

敬具

記

1. 移　転　日：　平成 28 年 8 月 8 日（月）
2. 新　住　所：　大阪府東大阪市吉松 X-X
3. 新 電 話 番 号：　06-6724-XXXX（代表）
4. 新ＦＡＸ番号：　06-6724-YYYY

以上

①次のようにページのレイアウトを設定しましょう。

```
用紙サイズ    ：A4
印刷の向き    ：縦
1ページの行数：25行
```

②次のように文章を入力しましょう。

Hint あいさつ文は、《挿入》タブ→《テキスト》グループの ![] （あいさつ文の挿入）を使って挿入しましょう。

```
平成28年7月吉日↵
カワサキ機器販売株式会社↵
□代表取締役□川崎□啓吾□様↵
FOMシステムサポート株式会社↵
代表取締役□井本□和也↵
↵
移転のお知らせ↵
↵
拝啓□盛夏の候、貴社ますますご盛栄のこととお慶び申し上げます。平素は格別のお引き立てをいただき、厚く御礼申し上げます。↵
□このたび、東大阪支店を移転することとなりましたので、下記のとおり、お知らせいたします。↵
□今後とも一層のご愛顧を賜りますようお願い申し上げます。↵
                                                                 敬具↵
↵
                              記↵
↵
新住所：□大阪府東大阪市吉松X-X↵
移転日：□平成28年8月8日（月）↵
新電話番号：□06-6724-XXXX（代表）↵
新ＦＡＸ番号：□06-6724-YYYY↵
↵
                                                                 以上
```

※↵で Enter を押して改行します。
※□は全角空白を表します。
※「FAX」は全角で入力します。

③発信日付「平成28年7月吉日」と発信者名「FOMシステムサポート株式会社」「代表取締役　井本　和也」をそれぞれ右揃えにしましょう。

④本文中の「このたび、東大阪支店を移転する・・・」の「東大阪支店」をタイトルの「移転のお知らせ」の前にコピーしましょう。

⑤タイトル「東大阪支店移転のお知らせ」に次の書式を設定しましょう。

フォント　　　　：HGS創英プレゼンスEB
フォントサイズ：16ポイント
下線
中央揃え
---

⑥「今後とも」の後ろに「引き続き」を挿入しましょう。

⑦「新住所・・・」で始まる行を「移転日・・・」で始まる行の下に移動しましょう。

⑧「移転日…」で始まる行から「新FAX番号…」で始まる行に8文字分の左インデントを設定しましょう。

⑨記書きの「移転日」「新住所」「新電話番号」を6文字分の幅に均等に割り付けましょう。

⑩「移転日…」で始まる行から「新FAX番号…」で始まる行に「1.2.3.」の段落番号を設定しましょう。

⑪印刷イメージを確認し、1部印刷しましょう。

※文書に「総合問題1完成」と名前を付けて、フォルダー「総合問題」に保存し、閉じておきましょう。

Exercise 総合問題2

解答 ▶ P.137

完成図のような文書を作成しましょう。

 フォルダー「総合問題」の文書「総合問題2」を開いておきましょう。

●完成図

平成 28 年 6 月 3 日

社員各位

人材開発部

パソコン研修会のお知らせ

Windows および Office の新バージョンの導入に伴い、下記のとおり、パソコン研修会を実施いたします。各自、業務のスケジュールを調整の上、ぜひご参加ください。

記

1. <u>日　程</u>　：　6 月 20 日（月）〜6 月 24 日（金）のいずれか 1 日
2. <u>時　間</u>　：　13:00〜17:00（4 時間）
3. <u>会　場</u>　：　本社ビル　5F　第 1 会議室
4. <u>内　容</u>　：　Windows 10 の概要
　　　　　　　　　Word 2016 の概要
　　　　　　　　　Excel 2016 の概要
　　　　　　　　　PowerPoint 2016 の概要
5. <u>申込方法</u>　：　申込書に必要事項を記入の上、担当宛てに提出してください。
6. <u>その他</u>　：　定員に達した場合、日程の変更を依頼することがあります。

以上

人材開発部　高橋（内線：4623）

人材開発部　高橋　宛

申　込　書

氏名	
社員 ID	
部署名	
メールアドレス	
参加希望日	

総合問題

①発信日付「**平成28年6月3日**」と発信者名「**人材開発部**」、担当者名「**人材開発部　高橋（内線：4623）**」をそれぞれ右揃えにしましょう。

②タイトル「**パソコン研修会のお知らせ**」に次の書式を設定しましょう。

> フォントサイズ：16ポイント
> 太字
> 中央揃え

③「**日程**」「**時間**」「**会場**」「**内容**」「**申込方法**」「**その他**」の文字に次の書式を設定しましょう。

> 太字
> 斜体
> 下線

Hint 離れた場所にある複数の範囲を選択するには、2つ目以降の範囲を Ctrl を押しながら選択します。

④「**日程**」「**時間**」「**会場**」「**内容**」「**その他**」を4文字分の幅に均等に割り付けましょう。

⑤「**日程…**」「**時間…**」「**会場…**」「**内容…**」「**申込方法…**」「**その他…**」の行に「**1.2.3.**」の段落番号を設定しましょう。

Hint 離れた場所にある複数の行を選択するには、2つ目以降の行を Ctrl を押しながら選択します。

⑥「**Word 2016の概要**」「**Excel 2016の概要**」「**PowerPoint 2016の概要**」の行に9文字分の左インデントを設定しましょう。

⑦「**人材開発部　高橋（内線：4623）**」の下の行に「**水平線**」を挿入しましょう。

⑧「**申　込　書**」に次の書式を設定しましょう。

> フォントサイズ：14ポイント
> 太字
> 中央揃え

⑨文末に5行2列の表を作成しましょう。
また、次のように、表に文字を入力しましょう。

氏名 ↵	↵
社員ID ↵	↵
部署名 ↵	↵
メールアドレス ↵	↵
参加希望日 ↵	↵

⑩表の1列目の列幅をセル内の文字の長さに合わせて、自動調整しましょう。

Hint セル内の文字の長さに合わせて列幅を自動調整するには、列の右側の罫線をダブルクリックします。

⑪次のように表の罫線を設定しましょう。

> 罫線の太さ：1.5pt
> 罫線の色　：緑、アクセント6、黒+基本色25％

⑫表の1列目に「緑、アクセント6、白+基本色40％」の塗りつぶしを設定しましょう。

⑬表全体を行の中央に配置しましょう。

※文書に「総合問題2完成」と名前を付けて、フォルダー「総合問題」に保存し、閉じておきましょう。

Exercise 総合問題3

解答 ▶ P.139

完成図のような文書を作成しましょう。

 フォルダー「総合問題」の文書「総合問題3」を開いておきましょう。

●完成図

ひまわりスポーツクラブ入会申込書

下記のとおり、ひまわりスポーツクラブへの入会を申し込みます。

平成　年　月　日

●入会コース

会員種別	レギュラー	プール	スタジオ	ゴルフ	テニス
コース種別	フルタイム	午前	午後	ナイト	ホリデイ

※丸印を付けてください。

●会員情報

お名前	印
フリガナ	
生年月日	年　月　日
ご住所	〒
電話番号	
緊急連絡先	
ご職業	
備考	

＜弊社記入欄＞

受付日	
受付担当	

①タイトル「**ひまわりスポーツクラブ入会申込書**」に次の書式を設定しましょう。

> フォント　　　　：HG創英角ゴシックUB
> フォントサイズ：18ポイント
> フォントの色　：オレンジ、アクセント2、黒+基本色25%
> 下線
> 中央揃え

Hint フォントの色を設定するには、《ホーム》タブ→《フォント》グループの **A▼**（フォントの色）を使います。

②「●入会コース」の下の行に、2行2列の表を作成しましょう。
　また、次のように、表に文字を入力しましょう。

会員種別 ↵	レギュラー□□□プール□□□スタジオ□□□ゴルフ□□□テニス ↵
コース種別 ↵	フルタイム□□□午前□□□午後□□□ナイト□□□ホリデイ ↵

※□は全角空白を表します。

③完成図を参考に、「●入会コース」の表の列幅を変更しましょう。

④「●入会コース」の表の1列目に「**オレンジ、アクセント2、白+基本色40%**」の塗りつぶしを設定しましょう。

⑤「●会員情報」の表の「**電話番号**」の行と「**ご職業**」の行の間に、1行挿入しましょう。
　また、挿入した行の1列目に「**緊急連絡先**」と入力しましょう。

⑥完成図を参考に、「●会員情報」の表のサイズを変更しましょう。
　また、「**ご住所**」と「**備考**」の行の高さを変更しましょう。

Hint 行の高さを変更するには、行の下側の罫線をドラッグします。

⑦完成図を参考に、「●**会員情報**」の表内の文字の配置を調整しましょう。

⑧「**<弊社記入欄>**」の表の3～5列目を削除しましょう。

Hint 列を削除するには、[Back Space]を使います。

⑨「**<弊社記入欄>**」の表全体を行内の右端に配置しましょう。

⑩「**<弊社記入欄>**」の文字と表の開始位置がそろうように、「**<弊社記入欄>**」の行に適切な文字数分の左インデントを設定しましょう。

※文書に「総合問題3完成」と名前を付けて、フォルダー「総合問題」に保存し、閉じておきましょう。

Exercise 総合問題4

解答 ▶ P.140

完成図のような文書を作成しましょう。

 フォルダー「総合問題」の文書「総合問題4」を開いておきましょう。

●完成図

春の夜のピアノリサイタル

松田貴洋　Dinner Show 2016

　いくつもの国際コンクールで優勝経験を持ち、若手ピアニストの中でも大注目の「松田貴洋」。心に響く美しいピアノの音色を楽しみながら、春のフレンチをご堪能ください。

開　催　日　：　平成28年5月13日（金）・14日（土）
時　　　間　：　午後6時30分～8時30分
会　　　場　：　ロイヤル・フロンティア・ホテル
料　　　金　：　30,000円（サービス料・税込）
お申し込み　：　03-5462-XXXX
※定員になり次第締め切らせていただきます。

♪ディナーショー宿泊プラン♪
ディナーショーと宿泊がセットになったお得なプランもご用意しております。

宿泊日	スタンダードツイン	デラックスツイン
5月13日（金）	43,000円／人	48,000円／人
5月14日（土）	47,000円／人	52,000円／人

①ワードアートを使って、1行目に「**春の夜のピアノリサイタル**」というタイトルを挿入しましょう。
　ワードアートのスタイルは「**塗りつぶし（グラデーション）-ゴールド、アクセント4、輪郭-アクセント4**」にします。

> **Hint** 文字の後ろで Enter を押すと、ワードアート内で改行されます。

②ワードアートに次の書式を設定しましょう。

フォント　　　　：HGS明朝E
フォントサイズ：48ポイント
文字の効果　　：光彩　オレンジ、5pt光彩、アクセント2

③完成図を参考に、ワードアートの位置を変更しましょう。

④「**松田貴洋　Dinner Show 2016**」の上の行に、フォルダー「**総合問題**」の画像「**ピアノ**」を挿入しましょう。

⑤画像の文字列の折り返しを「**上下**」に設定しましょう。

⑥画像に図のスタイル「**楕円、ぼかし**」を適用しましょう。

⑦完成図を参考に、画像の位置とサイズを調整しましょう。

⑧文末に3行3列の表を作成しましょう。
　また、次のように、表に文字を入力しましょう。

宿泊日	スタンダードツイン	デラックスツイン
5月13日(金)	43,000円／人	48,000円／人
5月14日(土)	47,000円／人	52,000円／人

⑨表にスタイル「**グリッド（表）1淡色**」を適用しましょう。
　また、表の1行目に「**黒、テキスト1**」の塗りつぶしを設定しましょう。

⑩表内の文字の配置を「**中央揃え**」に設定しましょう。

⑪次のページ罫線を設定しましょう。

絵柄：♪♪♪♪♪
色　：緑、アクセント6、白+基本色40%

※文書に「総合問題4完成」と名前を付けて、フォルダー「総合問題」に保存し、閉じておきましょう。

Exercise 総合問題5

解答 ▶ P.141

完成図のような文書を作成しましょう。

 フォルダー「総合問題」の文書「総合問題5」を開いておきましょう。

●完成図

オープン3周年記念プラン

おかげさまでオープン3周年を迎えることができました。日頃のご愛顧に感謝して「オープン3周年記念プラン」をご提供いたします。この機会にぜひご利用ください。

◆FOM Spa Resortの自慢

雄大な富士山を望む天然温泉
敷地内4か所から湧き出る自家源泉を24時間かけ流し
地元の滋味を日本料理とイタリア料理で楽しめる
本格的スパトリートメントで心と体が癒される

◆3周年記念プラン内容

プラン特典　「リフレクソロジー20分無料チケット」を進呈
　　　　　　お一人様につき、浴衣3枚・バスタオル3枚をご用意
　　　　　　12:00までチェックアウト延長可能
対象期間　　2016年6月1日～7月21日（土曜日・祝前日を除く）
プラン料金　（1泊2食付 1名様料金／消費税・サービス料込）

	通常料金	プラン料金
スタンダードツイン	20,000円	15,000円
デラックスツイン	30,000円	25,000円
スイート	48,000円	38,000円

ご予約はお電話にて：FOM Spa Resort　0120-XXX-XXX

①1行目に、フォルダー「**総合問題**」の画像「**和室**」を挿入しましょう。

②画像の文字列の折り返しを「**背面**」に設定しましょう。
　また、完成図を参考に、画像の位置とサイズを調整しましょう。

③ワードアートを使って、1行目に「FOM Spa Resort」というタイトルを挿入しましょう。
　ワードアートのスタイルは「**塗りつぶし-25%灰色、背景2、影（内側）**」にします。

Hint 文字の後ろで Enter を押すと、ワードアート内で改行されます。

④ワードアートに次の書式を設定しましょう。

フォント	：Arial Black
フォントサイズ	：48ポイント
右揃え	

　また、完成図を参考に、ワードアートの位置を変更しましょう。

Hint ワードアートを右揃えにするには、《ホーム》タブ→《段落》グループの（右揃え）を使います。

⑤「◆FOM Spa Resortの自慢」と「◆3周年記念プラン内容」に「**塗りつぶし-オレンジ、アクセント2、輪郭-アクセント2**」の文字の効果を設定しましょう。

Hint 文字の効果を設定するには、《ホーム》タブ→《フォント》グループの（文字の効果と体裁）を使います。

⑥「◆FOM Spa Resortの自慢」の前に、フォルダー「**総合問題**」の画像「**温泉**」を挿入しましょう。

⑦⑥で挿入した画像の文字列の折り返しを「**四角形**」に設定しましょう。

⑧⑥で挿入した画像に図のスタイル「**シンプルな枠、白**」を適用しましょう。

⑨完成図を参考に、⑥で挿入した画像を回転させましょう。
　また、画像の位置とサイズを調整しましょう。

Hint 画像を回転するには、画像の上側に表示されるをドラッグします。

⑩「プラン料金」の下に4行3列の表を作成し、次のように文字を入力しましょう。

	通常料金	プラン料金
スタンダードツイン	20,000円	15,000円
デラックスツイン	30,000円	25,000円
スイート	48,000円	38,000円

⑪表の罫線の色を「ゴールド、アクセント4」に設定しましょう。
　また、表の外枠の罫線の太さを「2.25pt」に設定しましょう。

⑫表内の文字の配置を「中央揃え」に設定しましょう。

⑬表の2列目に「ゴールド、アクセント4、白+基本色60%」、3列目に「ゴールド、アクセント4、白+基本色40%」の塗りつぶしを設定しましょう。

⑭完成図を参考に、表のサイズを変更しましょう。
　また、表全体を行の中央に配置しましょう。

※文書に「総合問題5完成」と名前を付けて、フォルダー「総合問題」に保存し、閉じておきましょう。

Answer

解答

練習問題解答 ……………………………………………… 133
総合問題解答 ……………………………………………… 136

Answer 練習問題解答

第3章 練習問題

①
①《レイアウト》タブを選択
②《ページ設定》グループの 🗔 をクリック
③《用紙》タブを選択
④《用紙サイズ》が《A4》になっていることを確認
⑤《余白》タブを選択
⑥《印刷の向き》が《縦》になっていることを確認
⑦《文字数と行数》タブを選択
⑧《行数だけを指定する》を ⦿ にする
⑨《行数》を「25」に設定
⑩《OK》をクリック

②
省略

③
①「平成28年7月8日」の行にカーソルを移動
②《ホーム》タブを選択
③《段落》グループの ≡ (右揃え)をクリック
④「オオヤマフーズ株式会社」と「代表取締役　吉田　恵子」の行を選択
⑤ F4 を押す

④
①「新商品発表会のご案内」の行を選択
②《ホーム》タブを選択
③《フォント》グループの 游明朝(本文) (フォント)の ▾ をクリックし、一覧から《HGP明朝E》を選択
④《フォント》グループの 10.5 (フォントサイズ)の ▾ をクリックし、一覧から《16》を選択
⑤《フォント》グループの B (太字)をクリック
⑥《フォント》グループの U (下線)の ▾ をクリック
⑦《══》(二重下線)をクリック
⑧《段落》グループの ≡ (中央揃え)をクリック

⑤
①「ご多忙とは存じますが、」の後ろにカーソルを移動
②「皆様の」と入力

⑥
①「オオヤマフーズ株式会社」を選択
※ ↵ (段落記号)を含まずに選択します。
②《ホーム》タブを選択
③《クリップボード》グループの 🗐 (コピー)をクリック
④「広報部　直通」の前にカーソルを移動
⑤《クリップボード》グループの 📋 (貼り付け)をクリック

⑦
①「開催日…」で始まる行から「お問合せ先…」で始まる行までを選択
②《ホーム》タブを選択
③《段落》グループの ≣ (インデントを増やす)を4回クリック

⑧
①「開催日」を選択
②《ホーム》タブを選択
③《段落》グループの ≣ (均等割り付け)をクリック
④《新しい文字列の幅》を「5字」に設定
⑤《OK》をクリック

⑥同様に、「**時間**」「**会場**」を5文字分の幅に均等に割り付け

⑨
①「開催日…」で始まる行から「お問合せ先…」で始まる行までを選択
②《**ホーム**》タブを選択
③《**段落**》グループの ▦▾（段落番号）の ▾ をクリック
④《**1.2.3.**》をクリック

⑩
①《**ファイル**》タブを選択
②《**印刷**》をクリック
③印刷イメージを確認
④《**印刷**》の《**部数**》が「1」になっていることを確認
⑤《**プリンター**》に出力するプリンターの名前が表示されていることを確認
⑥《**印刷**》をクリック

第4章 練習問題

①
①「●講座：」の下の行にカーソルを移動
②《**挿入**》タブを選択
③《**表**》グループの ▦（表の追加）をクリック
④下に5マス分、右に4マス分の位置をクリック

②
省略

③
①表内をポイント
②「**国立文系コース**」と「**医学部コース**」の間の罫線の左側をポイント
③ ⊕ をクリック
④文字を入力

④
①表内にカーソルを移動
②《**表ツール**》の《**デザイン**》タブを選択
③《**表のスタイル**》グループの ▾（その他）をクリック
④《**グリッドテーブル**》の《**グリッド（表）4-アクセント2**》（左から3番目、上から4番目）をクリック

⑤
①表全体を選択
②《**表ツール**》の《**レイアウト**》タブを選択
③《**配置**》グループの ≡（中央揃え）をクリック

⑥
①「**教室**」の列の右側の罫線をドラッグ

⑦
①表内をポイント
②□（表のサイズ変更ハンドル）を下方向にドラッグ

⑧
①表全体を選択
②《**ホーム**》タブを選択
③《**段落**》グループの ≡（中央揃え）をクリック

第5章 練習問題

①
①1行目にカーソルを移動
②《**挿入**》タブを選択
③《**テキスト**》グループの A▾（ワードアートの挿入）をクリック
④《**塗りつぶし（グラデーション）-ゴールド、アクセント4、輪郭-アクセント4**》（左から3番目、上から2番目）をクリック

解答

⑤「ここに文字を入力」が選択されていることを確認
⑥「Stone Spa FOM」と入力
※編集記号を表示している場合、ワードアートの半角空白は「・」のように表示されます。「・」は印刷されません。

②
①ワードアートを選択
②《ホーム》タブを選択
③《フォント》グループの 36 (フォントサイズ)の をクリックし、一覧から《**72**》を選択

③
①ワードアートを選択
②ワードアートの○（ハンドル）をドラッグして、サイズ変更
③ワードアートの枠線をドラッグして、移動

④
①[Ctrl]+[Home]を押して、1行目にカーソルを移動
②《挿入》タブを選択
③《図》グループの (ファイルから)をクリック
④フォルダー「**第5章**」を開く
※《ドキュメント》→「初心者のためのWord2016」→「第5章」を選択します。
⑤一覧から「**石**」を選択
⑥《挿入》をクリック

⑤
①画像を選択
②（レイアウトオプション）をクリック
③《文字列の折り返し》の (背面)をクリック
④ (閉じる)をクリック

⑥
①画像を選択
②画像をドラッグして、移動
③画像の○（ハンドル）をドラッグして、サイズ変更

⑦
①「■岩盤浴」の下の行にカーソルを移動
②《挿入》タブを選択
③《図》グループの (ファイルから)をクリック
④フォルダー「**第5章**」を開く
※《ドキュメント》→「初心者のためのWord2016」→「第5章」を選択します。
⑤一覧から「**spa**」を選択
⑥《挿入》をクリック

⑧
①画像を選択
②（レイアウトオプション）をクリック
③《文字列の折り返し》の (四角形)をクリック
④ (閉じる)をクリック

⑨
①画像を選択
②《書式》タブを選択
③《図のスタイル》グループの (その他)をクリック
④《対角を丸めた四角形、白》（左から4番目、上から3番目）をクリック

⑩
①画像を選択
②《書式》タブを選択
③《図のスタイル》グループの (図の枠線)をクリック
④《太さ》をポイントし、《**3pt**》をクリック

⑪
①画像を選択
②画像の○（ハンドル）をドラッグして、サイズ変更
③画像をドラッグして、移動

Answer 総合問題解答

総合問題1

①
①《レイアウト》タブを選択
②《ページ設定》グループの ⬚ をクリック
③《用紙》タブを選択
④《用紙サイズ》が《A4》になっていることを確認
⑤《余白》タブを選択
⑥《印刷の向き》が《縦》になっていることを確認
⑦《文字数と行数》タブを選択
⑧《行数だけを指定する》を ⦿ にする
⑨《行数》を「25」に設定
⑩《OK》をクリック

②
省略

③
①「平成28年7月吉日」の行にカーソルを移動
②《ホーム》タブを選択
③《段落》グループの ≡ (右揃え)をクリック
④「FOMシステムサポート株式会社」と「代表取締役　井本　和也」の行を選択
⑤ F4 を押す

④
①「東大阪支店」を選択
②《ホーム》タブを選択
③《クリップボード》グループの ⬚ (コピー)をクリック
④「移転のお知らせ」の前にカーソルを移動
⑤《クリップボード》グループの ⬚ (貼り付け)をクリック

⑤
①「東大阪支店移転のお知らせ」の行を選択
②《ホーム》タブを選択
③《フォント》グループの 游明朝(本文) (フォント)の ▾ をクリックし、一覧から《HGS創英プレゼンスEB》を選択
④《フォント》グループの 10.5 (フォントサイズ)の ▾ をクリックし、一覧から《16》を選択
⑤《フォント》グループの U (下線)をクリック
⑥《段落》グループの ≡ (中央揃え)をクリック

⑥
①「今後とも」の後ろにカーソルを移動
②「引き続き」と入力

⑦
①「新住所・・・」で始まる行を選択
②《ホーム》タブを選択
③《クリップボード》グループの ✂ (切り取り)をクリック
④「新電話番号・・・」の前にカーソルを移動
⑤《クリップボード》グループの ⬚ (貼り付け)をクリック

⑧
①「移転日…」で始まる行から「新FAX番号…」で始まる行までを選択
②《ホーム》タブを選択
③《段落》グループの ⬚ (インデントを増やす)を8回クリック

解答

⑨
①「移転日」を選択
②《ホーム》タブを選択
③《段落》グループの ▤ (均等割り付け)をクリック
④《新しい文字列の幅》を「6字」に設定
⑤《OK》をクリック
⑥同様に、「新住所」「新電話番号」を6文字分の幅に均等に割り付け

⑩
①「移転日…」で始まる行から「新FAX番号…」で始まる行までを選択
②《ホーム》タブを選択
③《段落》グループの ▤ (段落番号)の ▾ をクリック
④《1.2.3.》をクリック

⑪
①《ファイル》タブを選択
②《印刷》をクリック
③印刷イメージを確認
④《印刷》の《部数》が「1」になっていることを確認
⑤《プリンター》に出力するプリンターの名前が表示されていることを確認
⑥《印刷》をクリック

総合問題2

①
①「平成28年6月3日」の行にカーソルを移動
②《ホーム》タブを選択
③《段落》グループの ▤ (右揃え)をクリック
④「人材開発部」の行にカーソルを移動
⑤ F4 を押す
⑥「人材開発部　高橋(内線：4623)」の行にカーソルを移動
⑦ F4 を押す

②
①「パソコン研修会のお知らせ」の行を選択
②《ホーム》タブを選択
③《フォント》グループの 10.5 ▾ (フォントサイズ)の ▾ をクリックし、一覧から《16》を選択
④《フォント》グループの B (太字)をクリック
⑤《段落》グループの ▤ (中央揃え)をクリック

③
①「日程」を選択
② Ctrl を押しながら、「時間」「会場」「内容」「申込方法」「その他」を選択
③《ホーム》タブを選択
④《フォント》グループの B (太字)をクリック
⑤《フォント》グループの I (斜体)をクリック
⑥《フォント》グループの U (下線)をクリック

④
①「日程」を選択
②《ホーム》タブを選択
③《段落》グループの ▤ (均等割り付け)をクリック
④《新しい文字列の幅》を「4字」に設定

⑤《OK》をクリック

⑥同様に、「時間」「会場」「内容」「その他」を4文字分の幅に均等に割り付け

⑤
①「日程…」で始まる行から「内容…」で始まる行までを選択
②Ctrlを押しながら、「申込方法…」と「その他…」の行を選択
③《ホーム》タブを選択
④《段落》グループの (段落番号)の をクリック
⑤《1.2.3.》をクリック

⑥
①「Word 2016の概要」から「PowerPoint 2016の概要」までの行を選択
②《ホーム》タブを選択
③《段落》グループの (インデントを増やす)を9回クリック

⑦
①「人材開発部　高橋（内線：4623）」の下の行にカーソルを移動
②《ホーム》タブを選択
③《段落》グループの (罫線)の をクリック
④《水平線》をクリック

⑧
①「申　込　書」の行を選択
②《ホーム》タブを選択
③《フォント》グループの (フォントサイズ)の をクリックし、一覧から《14》を選択
④《フォント》グループの (太字)をクリック
⑤《段落》グループの (中央揃え)をクリック

⑨
①Ctrl+Endを押す
②《挿入》タブを選択
③《表》グループの (表の追加)をクリック
④下に5マス分、右に2マス分の位置をクリック
⑤表に文字を入力

⑩
①表の1列目の右側の罫線をダブルクリック

⑪
①表全体を選択
②《表ツール》の《デザイン》タブを選択
③《飾り枠》グループの (ペンの太さ)の をクリック
④《1.5pt》をクリック
⑤《飾り枠》グループの (ペンの色)をクリック
⑥《テーマの色》の《緑、アクセント6、黒+基本色25%》（左から10番目、上から5番目）をクリック
⑦《飾り枠》グループの (罫線)の をクリック
⑧《格子》をクリック

⑫
①表の1列目を選択
②《表ツール》の《デザイン》タブを選択
③《表のスタイル》グループの (塗りつぶし)の をクリック
④《テーマの色》の《緑、アクセント6、白+基本色40%》（左から10番目、上から4番目）をクリック

⑬
①表全体を選択
②《ホーム》タブを選択
③《段落》グループの (中央揃え)をクリック

総合問題3

解答

①
① 「ひまわりスポーツクラブ入会申込書」の行を選択
②《ホーム》タブを選択
③《フォント》グループの 游明朝(本文(（フォント）の をクリックし、一覧から《HG創英角ゴシックUB》を選択
④《フォント》グループの 10.5 （フォントサイズ）の をクリックし、一覧から《18》を選択
⑤《フォント》グループの A （フォントの色）の をクリック
⑥《テーマの色》の《オレンジ、アクセント2、黒＋基本色25％》（左から6番目、上から5番目）をクリック
⑦《フォント》グループの U （下線）をクリック
⑧《段落》グループの （中央揃え）をクリック

②
① 「※丸印を付けてください。」の前にカーソルを移動
②《挿入》タブを選択
③《表》グループの （表の追加）をクリック
④ 下に2マス分、右に2マス分の位置をクリック
⑤ 表に文字を入力

③
① 「●入会コース」の表の1列目の右側の罫線をドラッグ

④
① 「●入会コース」の表の1列目を選択
②《表ツール》の《デザイン》タブを選択
③《表のスタイル》グループの （塗りつぶし）の をクリック
④《テーマの色》の《オレンジ、アクセント2、白＋基本色40％》（左から6番目、上から4番目）をクリック

⑤
① 「●会員情報」の表内にカーソルを移動
② 「電話番号」と「ご職業」の間の罫線の左側をポイント
③ （＋）をクリック
④ 挿入した行の1列目に「緊急連絡先」と入力

⑥
① 「●会員情報」の表内をポイント
② □（表のサイズ変更ハンドル）を下方向にドラッグ
③ 「ご住所」の行の下の罫線をドラッグ
④ 「備考」の行の下の罫線をドラッグ

⑦
① 「●会員情報」の表の1列目を選択
②《表ツール》の《レイアウト》タブを選択
③《配置》グループの （両端揃え（中央））をクリック
④ 「印」のセルにカーソルを移動
⑤《配置》グループの （中央揃え（右））をクリック
⑥ 「年月日」のセルにカーソルを移動
⑦《配置》グループの （両端揃え（中央））をクリック

⑧
① 「＜弊社記入欄＞」の表の3～5列目を選択
② Back Space を押す

⑨
① 「＜弊社記入欄＞」の表全体を選択
②《ホーム》タブを選択
③《段落》グループの （右揃え）をクリック

⑩
①「＜弊社記入欄＞」の行にカーソルを移動
②《ホーム》タブを選択
③《段落》グループの 🔲 (インデントを増やす)を何度かクリック

総合問題4

①
①1行目にカーソルを移動
②《挿入》タブを選択
③《テキスト》グループの 🔲 (ワードアートの挿入)をクリック
④《塗りつぶし(グラデーション)-ゴールド、アクセント4、輪郭-アクセント4》(左から3番目、上から2番目)をクリック
⑤「ここに文字を入力」が選択されていることを確認
⑥「春の夜の」と入力
⑦ Enter を押す
⑧「ピアノリサイタル」と入力

②
①ワードアートを選択
②《ホーム》タブを選択
③《フォント》グループの 游明朝(本文((フォント)の ▼ をクリックし、一覧から《HGS明朝E》を選択
④《フォント》グループの 36 ▼ (フォントサイズ)の ▼ をクリックし、一覧から《48》を選択
⑤《書式》タブを選択
⑥《ワードアートのスタイル》グループの 🔲 (文字の効果)をクリック
⑦《光彩》をポイント
⑧《光彩の種類》の《オレンジ、5pt光彩、アクセント2》(左から2番目、上から1番目)をクリック
※ワードアートの ↵ に色が付いて表示される場合があります。印刷はされません。

③
①ワードアートを選択
②ワードアートの枠線を移動先までドラッグ

④
①「松田貴洋　Dinner Show 2016」の上の行にカーソルを移動
②《挿入》タブを選択
③《図》グループの 🔲 (ファイルから)をクリック
④フォルダー「総合問題」を開く
※《ドキュメント》→「初心者のためのWord2016」→「総合問題」を選択します。
⑤一覧から「ピアノ」を選択
⑥《挿入》をクリック

⑤
①画像を選択
② 🔲 (レイアウトオプション)をクリック
③《文字列の折り返し》の 🔲 (上下)をクリック
④《レイアウトオプション》の ✕ (閉じる)をクリック

⑥
①画像を選択
②《書式》タブを選択
③《図のスタイル》グループの ▼ (その他)をクリック
④《楕円、ぼかし》(左から5番目、上から4番目)をクリック

⑦
①画像を選択
②画像の○(ハンドル)をドラッグして、サイズ変更
③画像を移動先までドラッグして、移動

⑧
① Ctrl + End を押す
②《挿入》タブを選択
③《表》グループの ▦ (表の追加)をクリック
④下に3マス分、右に3マス分の位置をクリック
⑤表に文字を入力

⑨
①表内にカーソルを移動
②《表ツール》の《デザイン》タブを選択
③《表のスタイル》グループの ▽ (その他)をクリック
④《グリッドテーブル》の《グリッド(表)1淡色》(左から1番目、上から1番目)をクリック
⑤表の1行目を選択
⑥《表のスタイル》グループの ▨ (塗りつぶし)の 塗りつぶし をクリック
⑦《テーマの色》の《黒、テキスト1》(左から2番目、上から1番目)をクリック

⑩
①表全体を選択
②《表ツール》の《レイアウト》タブを選択
③《配置》グループの ≡ (中央揃え)をクリック

⑪
①《デザイン》タブを選択
②《ページの背景》グループの ▭ (罫線と網掛け)をクリック
③《ページ罫線》タブを選択
④左側の《種類》の《囲む》をクリック
⑤《絵柄》の ▽ をクリックし、一覧から《♪♪♪♪♪》を選択
⑥《色》の ▽ をクリックし、一覧から《テーマの色》の《緑、アクセント6、白+基本色40%》(左から10番目、上から4番目)を選択
⑦《OK》をクリック

総合問題5

①
①1行目にカーソルを移動
②《挿入》タブを選択
③《図》グループの 🖼 (ファイルから)をクリック
④フォルダー「総合問題」を開く
※《ドキュメント》→「初心者のためのWord2016」→「総合問題」を選択します。
⑤一覧から「和室」を選択
⑥《挿入》をクリック

②
①画像を選択
② 🗔 (レイアウトオプション)をクリック
③《文字列の折り返し》の ▭ (背面)をクリック
④ ✕ (閉じる)をクリック
⑤画像を移動先までドラッグして、移動
⑥画像の○(ハンドル)をドラッグして、サイズ変更

③
① Ctrl + Home を押して、1行目にカーソルを移動
②《挿入》タブを選択
③《テキスト》グループの A▼ (ワードアートの挿入)をクリック
④《塗りつぶし-25%灰色、背景2、影(内側)》(左から5番目、上から3番目)をクリック
⑤「ここに文字を入力」が選択されていることを確認
⑥「FOM」と入力
⑦ Enter を押す
⑧「Spa」と入力
⑨ Enter を押す
⑩「Resort」と入力

④
①ワードアートを選択
②《ホーム》タブを選択
③《フォント》グループの[游明朝(本文(]（フォント）の[▼]をクリックし、一覧から《Arial Black》を選択
④《フォント》グループの[36▼]（フォントサイズ）の[▼]をクリックし、一覧から《48》を選択
⑤《段落》グループの[≡]（右揃え）をクリック
⑥ワードアートの枠線をドラッグして、移動

⑤
①「◆FOM Spa Resortの自慢」の行を選択
②《ホーム》タブを選択
③《フォント》グループの[A▼]（文字の効果と体裁）をクリック
④《塗りつぶし-オレンジ、アクセント2、輪郭-アクセント2》（左から3番目、上から1番目）をクリック
⑤「◆3周年記念プラン内容」の行を選択
⑥[F4]を押す

⑥
①「◆FOM Spa Resortの自慢」の前にカーソルを移動
②《挿入》タブを選択
③《図》グループの[画像]（ファイルから）をクリック
④フォルダー「**総合問題**」を開く
※《ドキュメント》→「初心者のためのWord2016」→「総合問題」を選択します。
⑤一覧から「**温泉**」を選択
⑥《挿入》をクリック

⑦
①画像を選択
②[□]（レイアウトオプション）をクリック
③《文字列の折り返し》の[□]（四角形）をクリック
④[×]（閉じる）をクリック

⑧
①画像を選択
②《書式》タブを選択
③《図のスタイル》の[▼]（その他）をクリック
④《シンプルな枠、白》（左から1番目、上から1番目）をクリック

⑨
①画像を選択
②画像の上側に表示される[⟳]をドラッグ
③画像の○（ハンドル）をドラッグして、サイズ変更
④画像を移動先までドラッグして、移動

⑩
①「プラン料金」の下の行にカーソルを移動
②《挿入》タブを選択
③《表》グループの[表]（表の追加）をクリック
④下に4マス分、右に3マス分の位置をクリック
⑤表に文字を入力

⑪
①表全体を選択
②《表ツール》の《デザイン》タブを選択
③《飾り枠》グループの[ペンの色▼]（ペンの色）をクリック
④《テーマの色》の《ゴールド、アクセント4》（左から8番目、上から1番目）をクリック
⑤《飾り枠》グループの[罫線]（罫線）の[罫線▼]をクリック
⑥《格子》をクリック
⑦《飾り枠》グループの[0.5 pt ▼]（ペンの太さ）の[▼]をクリック
⑧《**2.25pt**》をクリック

⑨《飾り枠》グループの ▦ (罫線)の 罫線 をクリック

⑩《外枠》をクリック

⑫

①表全体を選択

②《表ツール》の《レイアウト》タブを選択

③《配置》グループの ≡ (中央揃え)をクリック

⑬

①表の2列目を選択

②《表ツール》の《デザイン》タブを選択

③《表のスタイル》グループの (塗りつぶし)の 塗りつぶし をクリック

④《テーマの色》の《**ゴールド、アクセント4、白+基本色60%**》(左から8番目、上から3番目)をクリック

⑤表の3列目を選択

⑥《表のスタイル》グループの (塗りつぶし)の 塗りつぶし をクリック

⑦《テーマの色》の《**ゴールド、アクセント4、白+基本色40%**》(左から8番目、上から4番目)をクリック

⑭

①表内をポイント

② □ (表のサイズ変更ハンドル)をドラッグ

③表全体を選択

④《ホーム》タブを選択

⑤《段落》グループの ≡ (中央揃え)をクリック

付録1

Appendix 1

Windows 10の基礎知識

Step1	Windowsの概要	145
Step2	マウス操作とタッチ操作	146
Step3	Windows 10の起動	148
Step4	Windowsの画面構成	149
Step5	ウィンドウの基本操作	152
Step6	ファイルの基本操作	161
Step7	Windows 10の終了	167

Step 1 Windowsの概要

1 Windowsとは

「Windows」は、マイクロソフトが開発した「OS（Operating System）」です。OSは、パソコンを動かすための基本的な機能を提供するソフトウェアで、ハードウェアとアプリの間を取り持つ役割を果たします。
OSにはいくつかの種類がありますが、市販のパソコンのOSとしてはWindowsが最も普及しています。

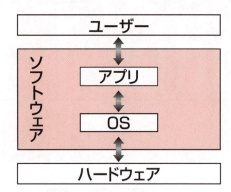

> **POINT ▶▶▶**
>
> **ハードウェアとソフトウェア**
> パソコン本体、キーボード、ディスプレイ、プリンターなどの各装置のことを「ハードウェア（ハード）」といいます。また、OSやアプリなどのパソコンを動かすためのプログラムのことを「ソフトウェア（ソフト）」といいます。
>
> **アプリ**
> 「アプリ」とは、ワープロソフトや表計算ソフトなどのように、特定の目的を果たすソフトウェアのことです。「アプリケーションソフト」や「アプリケーション」ともいいます。

2 Windows 10とは

Windowsは、時代とともにバージョンアップされ、「Windows 7」「Windows 8」「Windows 8.1」のような製品が提供され、2015年7月に「Windows 10」が新しく登場しました。
このWindows 10は、インターネットに接続されている環境では、自動的に更新されるしくみになっていて、常に機能改善が行われます。このしくみを「Windowsアップデート」といいます。

※本書は、2016年3月現在のWindows 10（ビルド10586.104）に基づいて解説しています。Windowsアップデートによって機能が更新された場合には、本書の記載のとおりに操作できなくなる可能性があります。あらかじめご了承ください。

Step2 マウス操作とタッチ操作

1 マウス操作

パソコンは、主にマウスを使って操作します。マウスは、左ボタンに人さし指を、右ボタンに中指をのせて軽く握ります。机の上などの平らな場所でマウスを動かすと、画面上の（マウスポインター）が動きます。
マウスの基本的な操作方法を覚えましょう。

●ポイント
マウスポインターを操作したい場所に合わせます。

●クリック
マウスの左ボタンを1回押します。

●右クリック
マウスの右ボタンを1回押します。

●ダブルクリック
マウスの左ボタンを続けて2回押します。

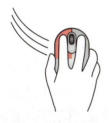

●ドラッグ
マウスの左ボタンを押したまま、マウスを動かします。

> **POINT ▶▶▶**
>
> **マウスを動かすコツ**
> マウスを上手に動かすコツは、次のとおりです。
> ●マウスをディスプレイに対して垂直に置きます。
> ●マウスが机から出てしまったり物にぶつかったりして、動かせなくなった場合には、いったんマウスを持ち上げて動かせる場所に戻します。マウスを持ち上げている間、画面上のマウスポインターは動きません。

2 タッチ操作

パソコンに接続されているディスプレイがタッチ機能に対応している場合は、マウスの代わりに**「タッチ」**で操作することも可能です。画面に表示されているアイコンや文字に、直接触れるだけでよいので、すぐに慣れて使いこなせるようになります。
タッチの基本的な操作方法を確認しましょう。

●**タップ**
画面の項目を軽く押します。項目の選択や決定に使います。

●**ドラッグ**
画面の項目に指を触れたまま、目的の方向に長く動かします。項目の移動などに使います。

●**スライド**
指を目的の方向に払うように動かします。画面のスクロールなどに使います。

●**ズーム**
2本の指を使って、指と指の間を広げたり狭めたりします。画面の拡大・縮小などに使います。

●**長押し**
画面の項目に指を触れ、枠が表示されるまで長めに押したままにします。マウスの右クリックに相当する操作で、ショートカットメニューの表示などに使います。

Step3 Windows 10の起動

1 Windows 10の起動

パソコンの電源を入れて、Windowsを操作可能な状態にすることを**「起動」**といいます。
Windows 10を起動しましょう。

①パソコン本体の電源ボタンを押して、パソコンに電源を入れます。

ロック画面が表示されます。
※パソコン起動時のパスワードを設定していない場合、この画面は表示されません。

② 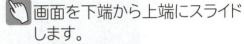 クリックします。
　※ は、マウス操作を表します。
　 画面を下端から上端にスライドします。
　※ は、タッチ操作を表します。

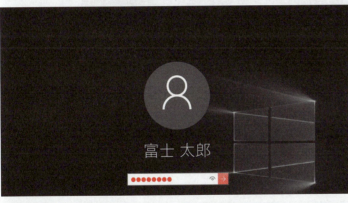

パスワード入力画面が表示されます。
※パソコン起動時のパスワードを設定していない場合、この画面は表示されません。

③パスワードを入力します。
※入力したパスワードは「●」で表示されます。
※ を押している間、入力したパスワードが表示されます。

④ → を選択します。

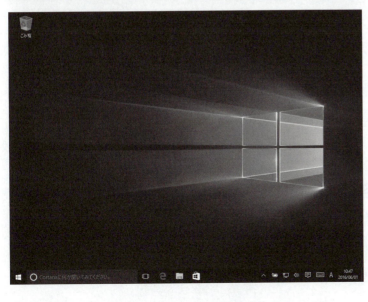

Windowsが起動し、デスクトップが表示されます。

> **POINT ▶▶▶**
>
> ### パスワードの設定
> パソコン起動時のパスワードを設定していない場合、ロック画面やパスワード入力画面は表示されません。すぐにデスクトップが表示されます。
> パスワードを設定する方法は、次のとおりです。
> ◆ ⊞ （スタート）→《設定》→《アカウント》→《サインインオプション》→《パスワード》の《追加》

148

Step 4 Windowsの画面構成

1 デスクトップの画面構成

Windowsを起動すると表示される画面を「**デスクトップ**」といいます。
デスクトップの画面構成を確認しましょう。

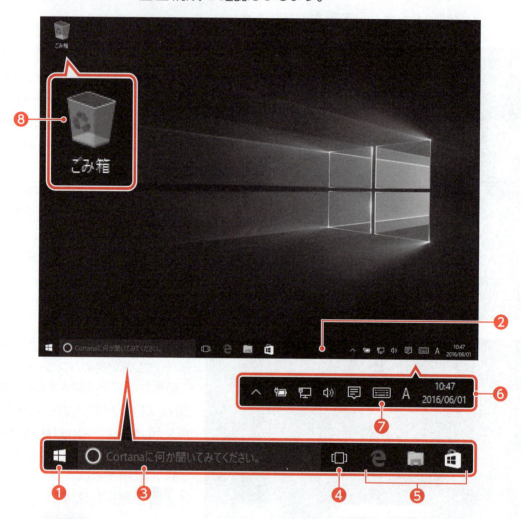

❶ ⊞ (スタート)
選択すると、スタートメニューが表示されます。

❷ タスクバー
作業中のアプリがアイコンで表示される領域です。机の上(デスクトップ)で行っている仕事(タスク)を確認できます。

❸ 検索ボックス
インターネット検索、ヘルプ検索、ファイル検索などを行うときに使います。この領域に調べたい内容のキーワードを入力したり、マイクを使って質問したりすると、答えが表示されます。

❹ ▢ (タスクビュー)
複数のアプリを同時に起動している場合に、作業対象のアプリを切り替えます。

❺ **タスクバーにピン留めされたアプリ**
タスクバーに登録されているアプリを表します。頻繁に使うアプリは、この領域に登録しておくと、アイコンを選択するだけですぐに起動できるようになります。初期の設定では、 (Microsoft Edge)と (エクスプローラー)、 (ストア)が登録されています。

❻ **通知領域**
インターネットの接続状況やスピーカーの設定状況などを表すアイコンや、現在の日付と時刻などが表示されます。また、Windowsからユーザーにお知らせがある場合、この領域に通知メッセージが表示されます。

❼ **(タッチキーボード)**
選択すると、タッチキーボードが表示されます。タッチ操作で文字を入力できます。

❽ **ごみ箱**
不要になったファイルやフォルダーを一時的に保管する場所です。ごみ箱から削除すると、パソコンから完全に削除されます。

2 スタートメニューの表示

デスクトップの (スタート)を選択して、スタートメニューを表示しましょう。

① (スタート)を選択します。

スタートメニューが表示されます。

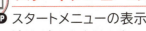

スタートメニューの表示の解除
スタートメニューの表示を解除する方法は、次のとおりです。
◆ Esc
◆ スタートメニュー以外の場所を選択

3 スタートメニューの確認

スタートメニューを確認しましょう。

❶ユーザー名
現在、作業しているユーザーの名前が表示されます。

❷よく使うアプリ
ユーザーがよく利用するアプリをWindowsが認識して、自動的に表示します。一覧から選択すると、起動します。

❸電源
Windowsを終了してパソコンの電源を切ったり、Windowsを再起動したりするときに使います。

❹すべてのアプリ
パソコンに搭載されているアプリの一覧を表示します。
アプリは上から「**数字**」「**アルファベット**」「**ひらがな**」の順番に並んでいます。

❺スタートメニューにピン留めされたアプリ
スタートメニューに登録されているアプリを表します。頻繁に使うアプリは、この領域に登録しておくと、アイコンを選択するだけですばやく起動できるようになります。

Step 5 ウィンドウの基本操作

1 アプリの起動

Windowsには、あらかじめ便利なアプリが用意されています。
ここでは、たくさんのアプリの中から**「メモ帳」**を使って、ウィンドウがどういうものなのかを確認しましょう。メモ帳は、テキストファイルを作成したり、編集したりするソフトで、Windowsに標準で搭載されています。
メモ帳を起動しましょう。

① ⊞（スタート）を選択します。

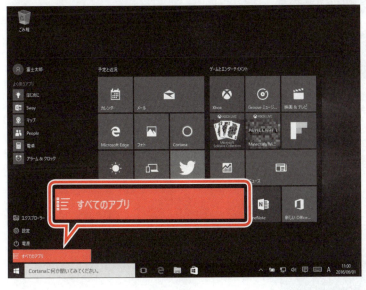

スタートメニューが表示されます。
②《すべてのアプリ》を選択します。

152

パソコンに入っているすべてのアプリが表示されます。

③ スクロールバー内のボックスをドラッグして、《W》を表示します。
アプリの一覧表示をスライドして、《W》を表示します。

④《Windowsアクセサリ》を選択します。

《Windowsアクセサリ》の一覧が表示されます。

⑤《メモ帳》を選択します。

メモ帳が起動します。

⑥ タスクバーにメモ帳のアイコンが表示されていることを確認します。

2 ウィンドウの画面構成

起動したアプリは、「**ウィンドウ**」と呼ばれる四角い枠で表示されます。
ウィンドウの画面構成を確認しましょう。

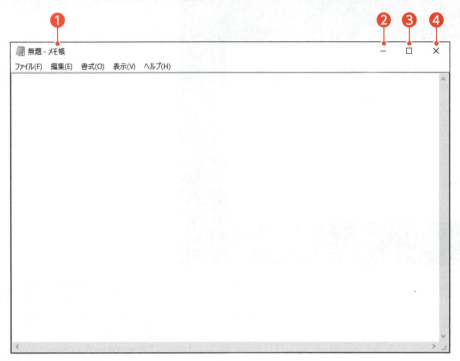

❶ タイトルバー
起動したアプリや開いているファイルの名前が表示されます。

❷ ─ (最小化)
ウィンドウが一時的に非表示になります。
※ウィンドウを再表示するには、タスクバーのアイコンを選択します。

❸ □ (最大化)
ウィンドウが画面全体に表示されます。
※ウィンドウを最大化すると、□ (最大化)は 🗗 (元に戻す(縮小))に切り替わります。
　🗗 (元に戻す(縮小))を選択すると、ウィンドウは最大化する前のサイズに戻ります。

❹ × (閉じる)
ウィンドウが閉じられ、アプリが終了します。

3 ウィンドウの最大化

《メモ帳》ウィンドウを最大化して、画面全体に大きく表示しましょう。

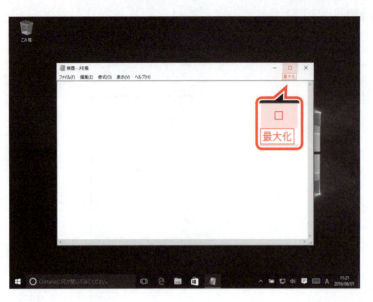

① ☐ （最大化）を選択します。

ウィンドウが画面全体に表示されます。
※ ☐ （最大化）が ❐ （元に戻す（縮小））に切り替わります。

② ❐ （元に戻す（縮小））を選択します。

ウィンドウが元のサイズに戻ります。
※ ❐ （元に戻す（縮小））が ☐ （最大化）に切り替わります。

4 ウィンドウの最小化

《メモ帳》ウィンドウを一時的に非表示にしましょう。

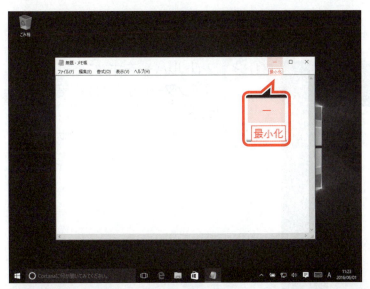

① ─ （最小化）を選択します。

ウィンドウが非表示になります。
②タスクバーにメモ帳のアイコンが表示されていることを確認します。
※ウィンドウを最小化しても、アプリは起動しています。
③タスクバーのメモ帳のアイコンを選択します。

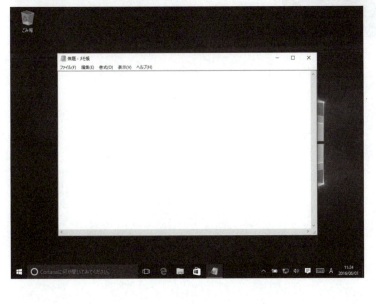

《メモ帳》ウィンドウが再表示されます。

5 ウィンドウの移動

ウィンドウの場所は移動できます。ウィンドウを移動するには、ウィンドウのタイトルバーをドラッグします。
《メモ帳》ウィンドウを移動しましょう。

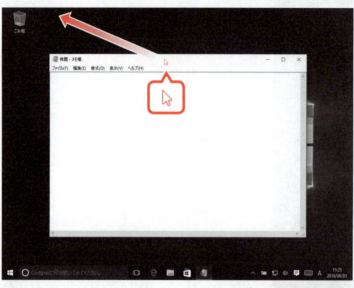

① タイトルバーをポイントし、マウスポインターの形が に変わったら、図のようにドラッグします。

タイトルバーに指を触れたまま、図のようにドラッグします。

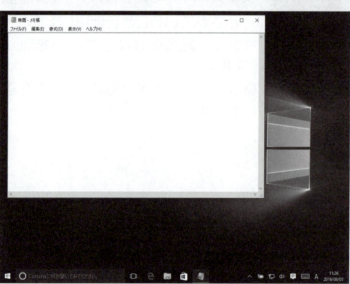

《メモ帳》ウィンドウが移動します。
※指を離した時点で、ウィンドウの位置が確定されます。

6 ウィンドウのサイズ変更

ウィンドウは拡大したり縮小したり、サイズを変更できます。ウィンドウのサイズを変更するには、ウィンドウの周囲の境界線をドラッグします。
《メモ帳》ウィンドウのサイズを変更しましょう。

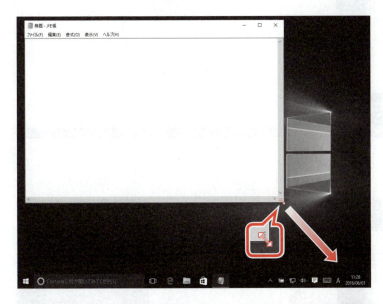

① 《メモ帳》ウィンドウの右下の境界線をポイントし、マウスポインターの形が に変わったら、図のようにドラッグします。

《メモ帳》ウィンドウの右下を図のようにドラッグします。

《メモ帳》ウィンドウのサイズが変更されます。
※指を離した時点で、ウィンドウのサイズが確定されます。

タイトルバーによるウィンドウのサイズ変更

ウィンドウのタイトルバーをドラッグすることで、ウィンドウのサイズを変更することもできます。

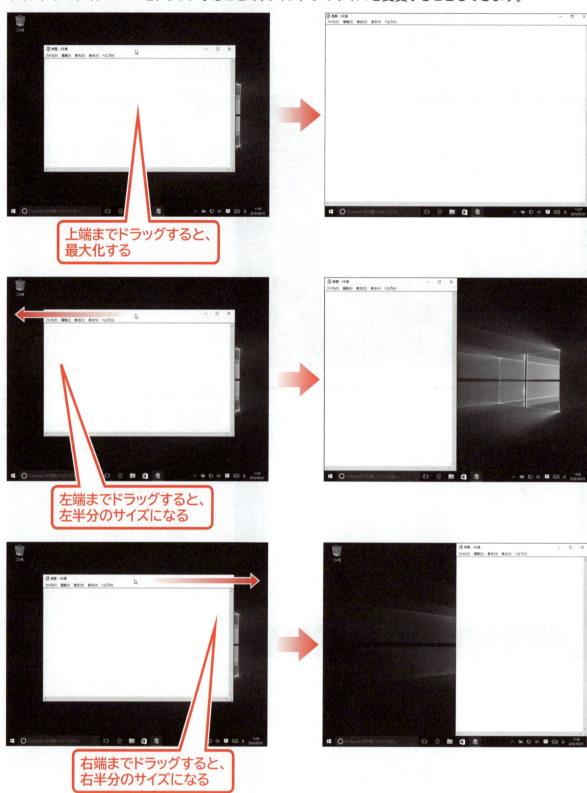

7 アプリの終了

ウィンドウを閉じると、アプリは終了します。
メモ帳を終了しましょう。

① ×（閉じる）を選択します。

ウィンドウが閉じられ、メモ帳が終了します。
②タスクバーからメモ帳のアイコンが消えていることを確認します。

> **POINT**
>
> ### 終了時のメッセージ
>
>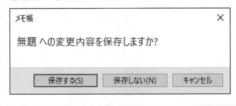
>
> メモ帳で作成した文書を保存せずに終了しようとすると、保存するかどうかを確認するメッセージが表示されます。保存する場合は《保存する》、保存しない場合は《保存しない》を選択します。

> **POINT**
>
> ### 「最小化」と「閉じる」の違い
>
> －（最小化）をクリックすると、一時的にウィンドウを非表示にし、タスクバーにアイコンで表示されますが、アプリは起動しています。それに対して ×（閉じる）を選択すると、ウィンドウが閉じられるだけでなく、アプリも終了します。
> 作業一時中断は －（最小化）、作業終了は ×（閉じる）と覚えておきましょう。

Step 6 ファイルの基本操作

1 ファイル管理

Windowsには、アプリで作成したファイルを管理する機能が備わっています。ファイルをコピーしたり移動したり、フォルダーごとに分類したりできます。ファイルはアイコンで表示されます。アイコンの絵柄は、作成するアプリの種類によって決まっています。

　　メモ帳　　　　　Word　　　　　Excel

2 ファイルのコピー

ファイルを「コピー」すると、そのファイルとまったく同じ内容のファイルをもうひとつ複製できます。
《ドキュメント》にあるファイルをデスクトップにコピーする方法を確認しましょう。
※本書では、《ドキュメント》にあらかじめファイル「練習」を用意して操作しています。

①タスクバーの ■ （エクスプローラー）を選択します。

エクスプローラーが起動します。
②《PC》を選択します。
③《PC》の左側の ＞ を選択します。

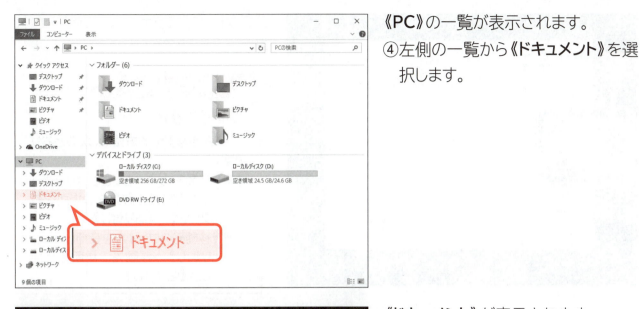

《PC》の一覧が表示されます。

④左側の一覧から《ドキュメント》を選択します。

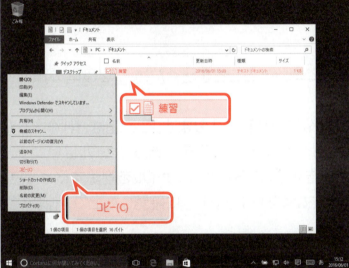

《ドキュメント》が表示されます。

⑤ 🖱 コピーするファイルを右クリックします。

　👆 コピーするファイルを長押しします。

ショートカットメニューが表示されます。

⑥《コピー》を選択します。

⑦ 🖱 デスクトップの空き領域を右クリックします。

　👆 デスクトップの空き領域を長押しします。

ショートカットメニューが表示されます。

⑧《貼り付け》を選択します。

デスクトップにファイルがコピーされます。

> **POINT ▶▶▶**
>
> **ファイルの移動**
>
> ファイルを移動する方法は、次のとおりです。
> - 🖱 移動元のファイルを右クリック→《切り取り》→移動先の場所を右クリック→《貼り付け》
> - 👆 移動元のファイルを長押し→《切り取り》→移動先の場所を長押し→《貼り付け》

3 ファイルの削除

パソコン内のファイルは、誤って削除することを防ぐために、2段階の操作で完全に削除されます。

ファイルを削除すると、いったん**「ごみ箱」**に入ります。ごみ箱は、削除されたファイルを一時的に保管しておく場所です。ごみ箱にあるファイルはいつでも復元して、もとに戻すことができます。ごみ箱からファイルを削除すると、完全にファイルはなくなり、復元できなくなります。十分に確認した上で、削除の操作を行いましょう。

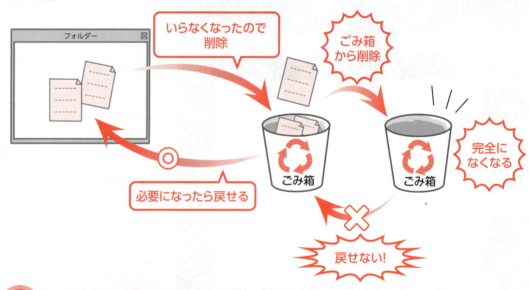

> **POINT ▶▶▶**
>
> **ごみ箱のアイコン**
>
> ごみ箱のアイコンは、状態によって、次のように絵柄が異なります。
>
> ●ごみ箱が空の状態　　　●ごみ箱にファイルが入っている状態
>
>

1 ごみ箱にファイルを入れる

《ドキュメント》にあるファイルを削除する方法を確認しましょう。

①《ごみ箱》が空の状態 で表示されていることを確認します。
②《ドキュメント》が表示されていることを確認します。
③削除するファイルを選択します。
④ Delete を押します。

ファイルが《ドキュメント》から削除され、ごみ箱に入ります。
⑤《ごみ箱》にファイルが入っている状態 に変わっていることを確認します。
※ × （閉じる）を選択し、《ドキュメント》を閉じておきましょう。

削除したファイルがごみ箱に入っていることを確認します。
⑥ 《ごみ箱》をダブルクリックします。
《ごみ箱》を2回続けてタップします。

《ごみ箱》が表示されます。

⑦削除したファイルが表示されていることを確認します。

2 ごみ箱からファイルを削除する

《ごみ箱》に入っているファイルを削除すると、ファイルは完全にパソコンからなくなります。

《ごみ箱》に入っているファイルを削除しましょう。

①《ごみ箱》が表示されていることを確認します。

②削除するファイルを選択します。

③ Delete を押します。

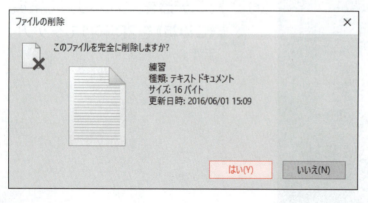

《ファイルの削除》が表示されます。

④《はい》を選択します。

《ごみ箱》内からファイルが削除されます。

※《ごみ箱》からすべてのファイルが削除されると、デスクトップの《ごみ箱》が空の状態に変わります。

※ ×（閉じる）を選択し、《ごみ箱》を閉じておきましょう。

📖 ごみ箱のファイルをもとに戻す

STEP UP ごみ箱に入っているファイルをもとに戻す方法は、次のとおりです。

◆ 🖱 （ごみ箱）をダブルクリック→ファイルを右クリック→《元に戻す》

👆 （ごみ箱）を2回続けてタップ→ファイルを長押し→《元に戻す》

📖 ごみ箱を空にする

STEP UP ごみ箱に入っているファイルをまとめて削除して、ごみ箱を空にする方法は、次のとおりです。

◆ 🖱 （ごみ箱）をダブルクリック→《管理》タブ→《管理》グループの 🗑（ごみ箱を空にする）→《はい》

👆 （ごみ箱）を2回続けてタップ→《管理》タブ→《管理》グループの 🗑（ごみ箱を空にする）→《はい》

❗ POINT ▶▶▶

ごみ箱に入らないファイル

USBメモリやCDなど、持ち運びできる媒体に保存されているファイルは、ごみ箱に入らず、すぐに削除されてしまいます。いったん削除すると、もとに戻せないので、十分に注意しましょう。

166

Step 7 Windows 10の終了

1 Windows 10の終了

パソコンの作業を終わることを**「終了」**といいます。Windowsの作業を終了し、パソコンの電源を完全に切るには、**「シャットダウン」**を実行します。
Windows 10を終了し、パソコンの電源を切りましょう。

① ⊞（スタート）を選択します。
②**《電源》**を選択します。

③**《シャットダウン》**を選択します。
Windowsが終了し、パソコンの電源が切断されます。

> **POINT ▶▶▶**
>
> **スリープ**
> Windowsには「スリープ」と「シャットダウン」という終了方法があります。シャットダウンは、パソコンの電源が完全に切れるので、保存しておきたいデータは保存してからシャットダウンします。それに対してスリープで終了すると、パソコンが省電力状態になります。スリープ状態になる直前の作業状態が保存されるため、アプリが起動中でもかまいません。スリープ状態を解除すると、保存されていた作業状態に戻るので、作業をすぐに再開できます。パソコンがスリープの間、微量の電力が消費されます。
> ◆⊞（スタート）→《電源》→《スリープ》
> ※スリープ状態を解除するには、パソコン本体の電源ボタンを押します。

付録1　Windows 10の基礎知識

付録2 Appendix 2

Office 2016の基礎知識

Step1	コマンドの実行方法	169
Step2	タッチモードへの切り替え	175
Step3	Wordのタッチ操作	177
Step4	タッチキーボード	182
Step5	タッチ操作の範囲選択	185
Step6	操作アシストの利用	187

Step 1 コマンドの実行方法

1 コマンドの実行

作業を進めるための指示を「**コマンド**」、指示を与えることを「**コマンドを実行する**」といいます。コマンドを実行して、書式を設定したり、ファイルを保存したりします。
コマンドを実行する方法には、次のようなものがあります。
作業状況や好みに合わせて、使いやすい方法で操作しましょう。

- ●リボン
- ●バックステージビュー
- ●ミニツールバー
- ●クイックアクセスツールバー
- ●ショートカットメニュー
- ●ショートカットキー

2 リボン

「**リボン**」には、Wordの機能を実現するための様々なコマンドが用意されています。ユーザーはリボンを使って、行いたい作業を選択します。
リボンの各部の名称と役割は、次のとおりです。

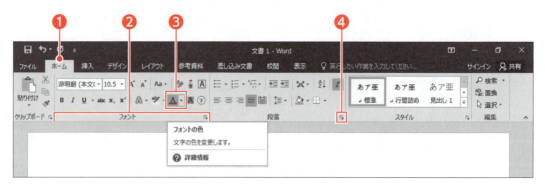

❶タブ
関連する機能ごとに、ボタンが分類されています。

❷グループ
各タブの中で、関連するボタンがグループごとにまとめられています。

❸ボタン
ポイントすると、ボタンの名前と説明が表示されます。クリックすると、コマンドが実行されます。▼が表示されているボタンは、▼をクリックすると、一覧に詳細なコマンドが表示されます。

❹起動ツール
クリックすると、「**ダイアログボックス**」や「**作業ウィンドウ**」が表示されます。

POINT ▶▶▶

その他のタブ

表や画像などが操作対象のとき、新しいタブが自動的に表示されます。操作対象に応じてリボンの内容が切り替わるので、目的のコマンドを探しやすくなっています。

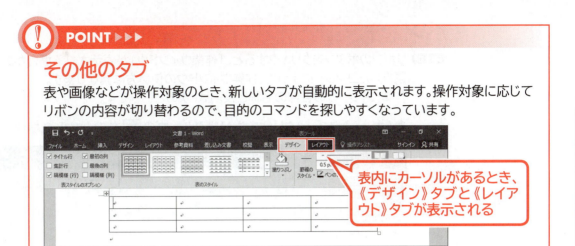

表内にカーソルがあるとき、《デザイン》タブと《レイアウト》タブが表示される

STEP UP ダイアログボックス

リボンのボタンをクリックすると、「ダイアログボックス」が表示される場合があります。ダイアログボックスでは、コマンドを実行するための詳細な設定を行います。ダイアログボックスの各部の名称と役割は、次のとおりです。

●《ホーム》タブ→《フォント》グループの 🔳 をクリックした場合

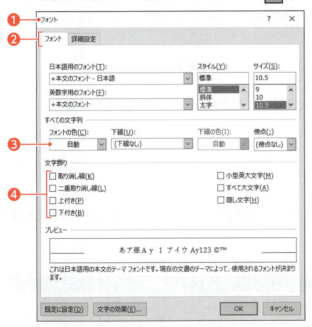

❶ タイトルバー
ダイアログボックスの名称が表示されます。

❷ タブ
ダイアログボックス内の項目が多い場合に、関連する項目ごとに見出し(タブ)が表示されます。タブを切り替えて、複数の項目をまとめて設定できます。

❸ ドロップダウンリストボックス
☑ をクリックすると、選択肢が一覧で表示されます。

❹ チェックボックス
クリックして、選択します。
☑ オン(選択されている状態)
☐ オフ(選択されていない状態)

●《レイアウト》タブ→《ページ設定》グループの 🔳 をクリックした場合

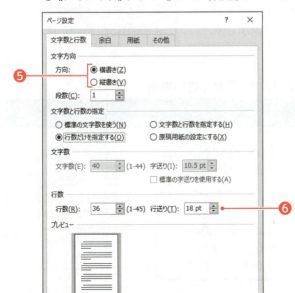

❺ オプションボタン
クリックして、選択肢の中からひとつだけ選択します。
◉ オン(選択されている状態)
◯ オフ(選択されていない状態)

❻ スピンボタン
クリックして、数値を指定します。
テキストボックスに数値を直接入力することもできます。

作業ウィンドウ

リボンのボタンをクリックすると、「作業ウィンドウ」が表示される場合があります。
選択したコマンドによって、作業ウィンドウの使い方は異なります。
作業ウィンドウの各部の名称と役割は、次のとおりです。

●《ホーム》タブ→《クリップボード》グループの をクリックした場合

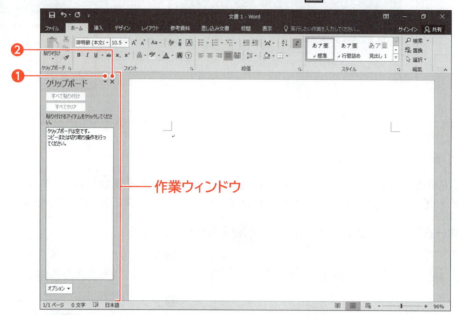

❶ ▼ （作業ウィンドウオプション）
作業ウィンドウのサイズや位置を変更したり、作業ウィンドウを閉じたりします。
❷ × （閉じる）
作業ウィンドウを閉じます。

ボタンの形状

ディスプレイの画面解像度やウィンドウのサイズによって、ボタンの形状やサイズが異なる場合があります。

●画面解像度が高い場合／ウィンドウのサイズが大きい場合

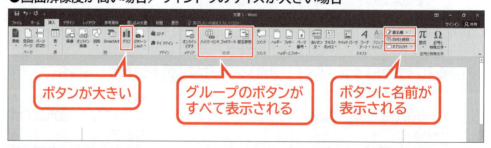

ボタンが大きい
グループのボタンがすべて表示される
ボタンに名前が表示される

●画面解像度が低い場合／ウィンドウのサイズが小さい場合

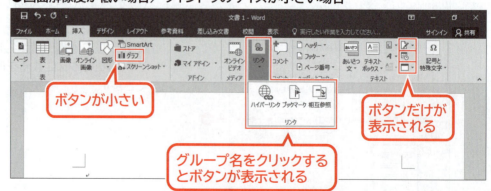

ボタンが小さい
グループ名をクリックするとボタンが表示される
ボタンだけが表示される

3 バックステージビュー

《ファイル》タブをクリックすると表示される画面を「**バックステージビュー**」といいます。
バックステージビューには、ファイルや印刷などの文書全体を管理するコマンドが用意されています。左側の一覧にコマンドが表示され、右側にはコマンドに応じて、操作をサポートする様々な情報が表示されます。

●《ファイル》タブ→《印刷》をクリックした場合

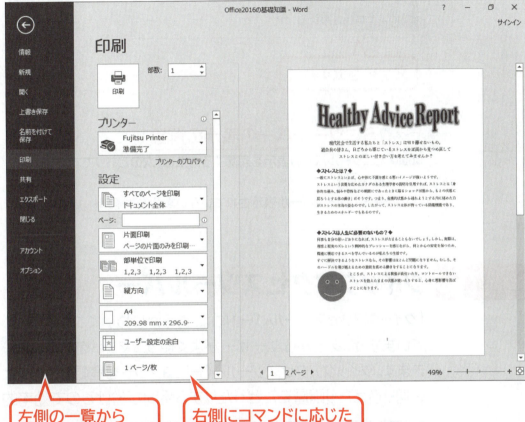

左側の一覧から
コマンドを選択する

右側にコマンドに応じた
情報が表示される

※コマンドによっては、クリックするとすぐにコマンドが実行され、右側に情報が表示されない場合もあります。

バックステージビューの表示の解除

《ファイル》タブをクリックしたあと、バックステージビューを解除してもとの表示に戻る方法は、次のとおりです。
　◆左上の ← をクリック
　◆ Esc

172

4 ミニツールバー

文字を選択したり、選択した範囲を右クリックしたりすると、文字の近くに「ミニツールバー」が表示されます。
ミニツールバーには、よく使う書式設定のボタンが用意されています。

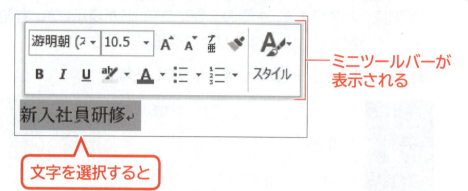

ミニツールバーが表示される

文字を選択すると

 ミニツールバーの表示の解除

ミニツールバーの表示を解除する方法は、次のとおりです。
◆ [Esc]
◆ミニツールバーが表示されていない場所をポイント

5 クイックアクセスツールバー

「**クイックアクセスツールバー**」には、あらかじめいくつかのコマンドが登録されていますが、あとからユーザーがよく使うコマンドを自由に登録することもできます。クイックアクセスツールバーにコマンドを登録しておくと、リボンのタブを切り替えたり階層をたどったりする手間が省けるので効率的です。

いくつかのコマンドがあらかじめ登録されている

ユーザーがコマンドを自由に登録できる

 クイックアクセスツールバーのユーザー設定

クイックアクセスツールバーにコマンドを登録するには、 ▼ （クイックアクセスツールバーのユーザー設定）をクリックし、一覧からコマンドを選択します。一覧に表示されていない場合は、《その他のコマンド》をクリックすると表示される《Wordのオプション》ダイアログボックスで設定します。

6 ショートカットメニュー

任意の場所を右クリックすると、**「ショートカットメニュー」**が表示されます。ショートカットメニューには、作業状況に合ったコマンドが表示されます。

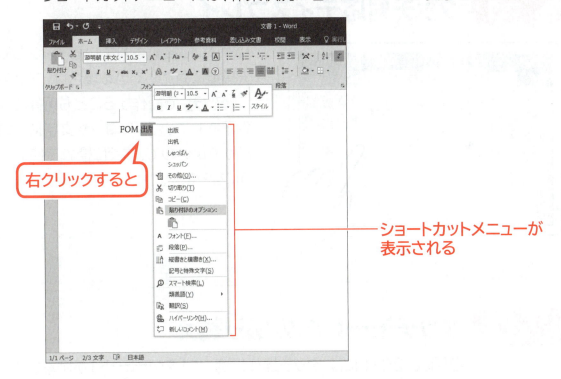

右クリックすると

ショートカットメニューが表示される

 ショートカットメニューの表示の解除

ショートカットメニューの表示を解除する方法は、次のとおりです。
◆ Esc
◆ ショートカットメニューが表示されていない場所をクリック

7 ショートカットキー

よく使うコマンドには、**「ショートカットキー」**が割り当てられています。キーボードのキーを押すことでコマンドが実行されます。キーボードからデータを入力したり編集したりしているときに、マウスに持ち替えることなくコマンドを実行できるので効率的です。
リボンやクイックアクセスツールバーのボタンをポイントすると、コマンドによって対応するショートカットキーが表示されます。

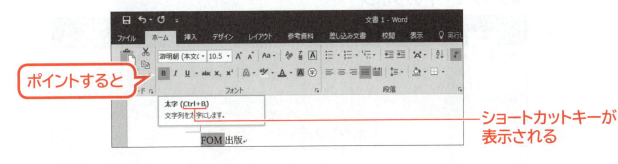

ポイントすると

ショートカットキーが表示される

Step2 タッチモードへの切り替え

1 タッチ対応ディスプレイ

パソコンに接続されているディスプレイがタッチ機能に対応している場合は、マウスの代わりに**「タッチ」**で操作することも可能です。画面に表示されているアイコンや文字に、直接触れるだけでよいので、すぐに慣れて使いこなせるようになります。

2 タッチモードへの切り替え

Office 2016には、タッチ操作に適した**「タッチモード」**が用意されています。画面をタッチモードに切り替えると、リボンに配置されたボタンの間隔が広がり、指でボタンを押しやすくなります。

> **POINT ▶▶▶**
>
> **マウスモード**
> タッチモードに対して、マウス操作に適した標準の画面を「マウスモード」といいます。

●マウスモードのリボン

●タッチモードのリボン

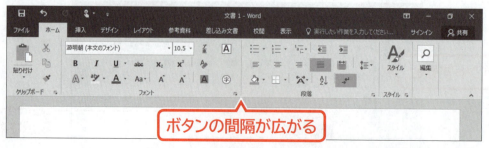

ボタンの間隔が広がる

マウスモードからタッチモードに切り替えましょう。

 Wordを起動し、フォルダー「付録2」の文書「Office2016の基礎知識」を開いておきましょう。

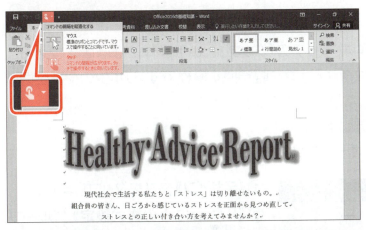

①クイックアクセスツールバーの （タッチ/マウスモードの切り替え）を選択します。

※表示されていない場合は、クイックアクセスツールバーの （クイックアクセスツールバーのユーザー設定）→《タッチ/マウスモードの切り替え》を選択します。

②《**タッチ**》を選択します。

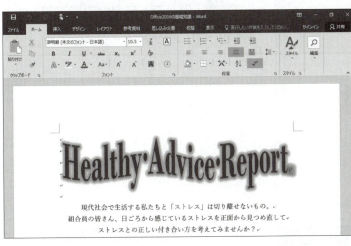

タッチモードに切り替わります。

③ボタンの間隔が広がっていることを確認します。

インク注釈

STEP UP タッチ対応のパソコンでは、《校閲》タブに （インク注釈）が表示されます。 （インク注釈）を選択すると、リボンに《ペン》タブが表示され、フリーハンドでオリジナルのイラストや文字を描画できます。

《校閲》タブの （インク注釈）を選択すると、《ペン》タブが表示される

ペンの種類を選択しドラッグすると、描画できる

消しゴムを選択し描画した線をタッチすると、線が消える

176

Step3 Wordのタッチ操作

1 タップ

マウスでクリックする操作は、タッチの**「タップ」**という操作にほぼ置き換えることができます。タップとは、選択対象を軽く押す操作です。リボンのタブを切り替えたり、ボタンを選択したりするときに使います。
実際にタップを試してみましょう。
ここでは、文書にテーマ**「オーガニック」**を適用します。

①《デザイン》タブをタップします。
②《ドキュメントの書式設定》グループの (テーマ)をタップします。
③《オーガニック》をタップします。

文書にテーマが適用されます。

2 スライド

「**スライド**」とは、指を目的の方向に払うように動かす操作です。画面をスクロールするときに使います。
実際にスライドを試してみましょう。

①下から上に軽く払うようにスライドします。

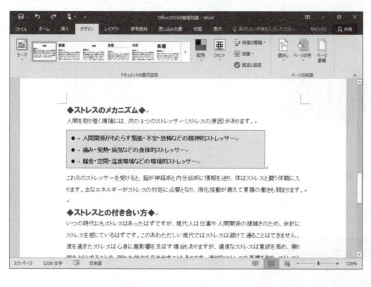

画面がスクロールされます。

画面のスクロール幅
指が画面に軽く触れた状態で払うと、大きくスクロールします。
指が画面にしっかり触れた状態で払うと、動かした分だけスクロールします。

3 ズーム

「**ズーム**」とは、2本の指を使って、指と指の間を広げたり狭めたりする操作です。
文書の表示倍率を拡大したり縮小したりするときに使います。
実際にズームを試してみましょう。

①文書の上で指と指の間を広げます。

文書の表示倍率が拡大されます。
②文書の上で指と指の間を狭めます。

文書の表示倍率が縮小されます。

4 ドラッグ

操作対象を選択して、引きずるように動かす操作をマウスで**「ドラッグ」**といいますが、タッチでも同様の操作を**「ドラッグ」**といいます。マウスでは机上をドラッグしますが、タッチでは指を使って画面上をドラッグします。図形や画像を移動したり、サイズを変更したりするときなどに使います。

実際にドラッグを試してみましょう。

ここでは、図形のサイズを変更し、移動します。

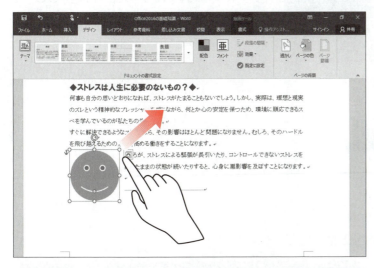

①1ページ目の図形をタップします。
図形が選択されます。
②図形の〇（ハンドル）を引きずるように動かしてドラッグします。

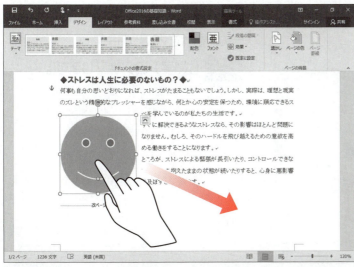

図形のサイズが変更されます。
③図形を引きずるように動かします。

図形が移動します。

5 長押し

マウスを右クリックする操作は、タッチで**「長押し」**という操作に置き換えることができます。長押しは、操作対象を選択して、長めに押したままにすることです。文字を選択したり、ミニツールバーを表示したりするときなどに使います。実際に長押しを試してみましょう。

ここでは、ミニツールバーを使って、タイトルの下の**「ストレス」**を太字にします。

①**「ストレス」**の文字の上で長押しして、枠が表示されたら指を離します。

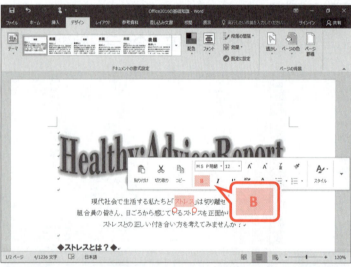

「ストレス」が選択され、ミニツールバーが表示されます。

② **B** （太字）をタップします。

文字が太字になります。

※選択した範囲以外の場所をタップして、選択を解除しておきましょう。

Step 4 タッチキーボード

1 タッチキーボード

タッチ操作で文字を入力する場合は、「**タッチキーボード**」を使います。
タッチキーボードは、タスクバーの ▢▢▢ （タッチキーボード）をタップして表示します。
タッチキーボードを使って、文末に「**健康通信Vol.007**」と入力しましょう。

①画面をスクロールして、文末を表示します。
②文末をタップして、カーソルを移動します。
③▢▢▢（タッチキーボード）をタップします。

タッチキーボードが表示されます。
④スペースキーの隣が《**あ**》になっていることを確認します。
※《A》になっている場合は、《A》をタップして《あ》に切り替えます。

⑤《k》《e》《n》《k》《o》《u》《t》《u》《u》《s》《i》《n》《n》を順番にタップします。
※誤ってタップした場合は、⌫ をタップして、直前の文字を削除します。
タッチキーボード上部に予測変換の一覧が表示されます。
⑥予測変換の一覧から《**健康通信**》を選択します。

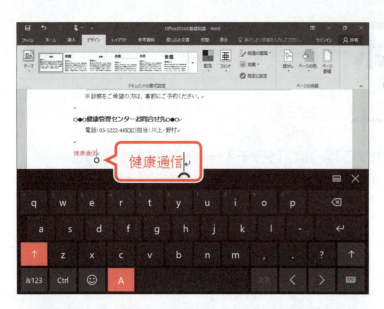

文書に「健康通信」と入力されます。
⑦《あ》をタップし、《A》に切り替えます。
⑧《↑》をタップします。

キーボードの英字が小文字から大文字に切り替わります。
⑨《V》をタップします。

文書に大文字の「V」が入力され、キーボードの英字が小文字に戻ります。

⑩《o》《l》《.》を順番にタップします。
文書に「Vol.」と入力されます。
⑪《&123》をタップします。

キーボードが記号と数字に切り替わります。
⑫《0》《0》《7》を順番にタップします。
文書に「007」と入力されます。

タッチキーボードを非表示にします。
⑬ ✕ (閉じる)をタップします。

Step5 タッチ操作の範囲選択

1 文字の選択

タッチ操作で文字を選択するには、「〇（範囲選択ハンドル）」を使います。
操作対象の文字を長押しすると、2つの〇が表示されます。その〇をドラッグして、1つ目の〇を開始位置、2つ目の〇を終了位置に合わせます。1つ目の〇から2つ目の〇までの範囲が選択されていることを表します。
タイトルの下の説明文を選択しましょう。

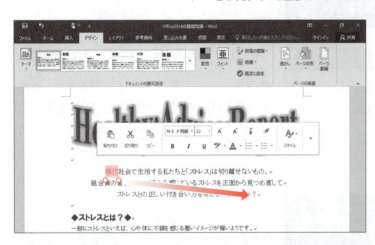

①開始位置の単語の**「現代」**上を長押しして、枠が表示されたら手を離します。

「現代」が選択され、前後に〇（範囲選択ハンドル）が表示されます。

②2つ目の〇（範囲選択ハンドル）を**「…考えてみませんか？」**までドラッグします。

文章が選択されます。
③文字がない場所をタップします。

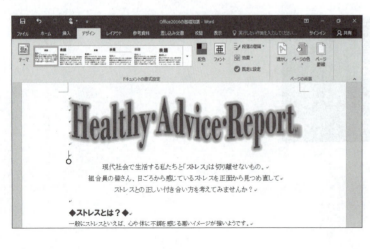

選択が解除されます。

> **POINT ▶▶▶**
>
> ### 行の選択
> マウス操作では、文書内の左側の余白をクリックしたりドラッグしたりすることで、行を効率よく選択できますが、タッチ操作にはこれに相当する機能がありません。
> タッチで行を選択する場合は、文字の選択と同様に、○（範囲選択ハンドル）を使います。
>
> ### 複数の範囲の選択
> マウス操作では、1つ目の範囲を選択して、Ctrl を押しながら2つ目以降の範囲を選択すると、複数の範囲を選択できますが、タッチ操作にはこれに相当する機能がありません。
> 複数の範囲に同一の書式を設定する場合には、（書式のコピー/貼り付け）やクイックアクセスツールバーの ○ （繰り返し）を使います。

2 表の選択

表内をタップすると、表の上側と左側にタッチ操作用の選択ツールが表示されます。これを使うと、行や列を効率的に選択できます。

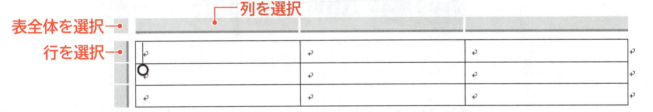

2ページ目にある表の2～6行目を選択しましょう。

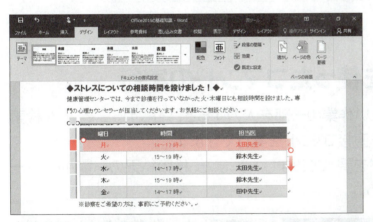

①2ページ目の表内をタップします。
表の上側と左側にタッチ操作用の選択ツールが表示されます。
②2行目の左側をタップします。
2行目が選択されます。
③2つ目の○（範囲選択ハンドル）を6行目までドラッグします。

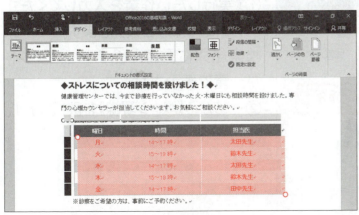

2～6行目が選択されます。
※表以外の場所をタップして、選択を解除しておきましょう。
※クイックアクセスツールバーの （タッチ/マウスモードの切り替え）→《マウス》を選択し、マウスモードに切り替えておきましょう。

> **POINT ▶▶▶**
>
> ### セル範囲の選択
> 表内のセル範囲を選択するには、開始位置のセルを長押しし、○（範囲選択ハンドル）を終了位置のセルまでドラッグします。

186

Step 6 操作アシストの利用

1 操作アシスト

Word 2016には、ヘルプ機能を強化した**「操作アシスト」**が用意されています。操作アシストを使うと、機能や用語の意味を調べるだけでなく、リボンから探し出せないコマンドをダイレクトに実行することもできます。

操作アシスト

2 操作アシストを使ったコマンドの実行

操作アシストに実行したい作業の一部を入力すると、対応するコマンドを検索し、検索結果の一覧から直接コマンドを実行できます。
「罫線」に関するコマンドを調べてみましょう。また、検索結果の一覧から「ページ罫線」を実行しましょう。

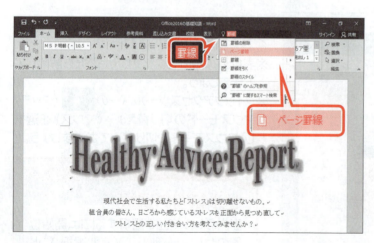

①《実行したい作業を入力してください》に「罫線」と入力します。
検索結果に罫線が含まれるコマンドが一覧で表示されます。
②一覧から《ページ罫線》を選択します。

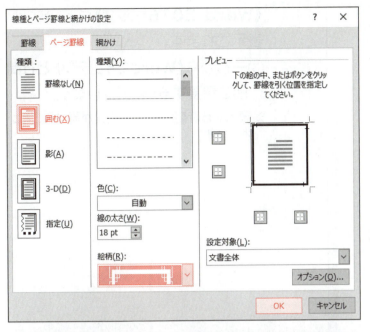

《線種とページ罫線と網かけの設定》ダイアログボックスが表示されます。
③《ページ罫線》タブを選択します。
④左側の《種類》の《囲む》をクリックします。
⑤《絵柄》の∨をクリックし、一覧から任意のページ罫線を選択します。
⑥《OK》をクリックします。

ページ罫線が設定されます。

3 操作アシストを使ったヘルプ機能の実行

操作アシストを使って、従来のバージョンのヘルプ機能を実行できます。
「インデント」について調べてみましょう。

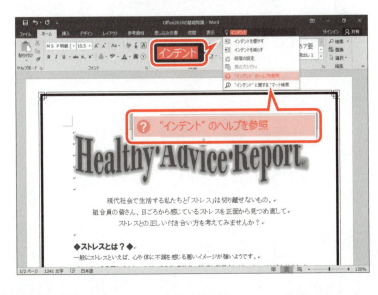

①《実行したい作業を入力してください》に「インデント」と入力します。
検索結果にインデントが含まれるコマンドが一覧で表示されます。
②一覧から《"インデント"のヘルプを参照》を選択します。

《Word 2016ヘルプ》ウィンドウが表示されます。

③一覧から《Wordでインデントと行間隔を調整する》を選択します。

※表示する時期によって、内容が異なることがあります。

選択したヘルプの内容が表示されます。

※《Word 2016ヘルプ》ウィンドウを閉じておきましょう。

※文書を保存せずに閉じ、Wordを終了しておきましょう。

Index

索引

Index 索引

I

IME ……………………………………… 26

O

OS ……………………………………………145

W

Webレイアウト ……………………………… 17
Windows 10 ………………………………145
Windows 10の起動 ……………………148
Windows 10の終了 ……………………167
Windowsアップデート ……………………145
Windowsの概要 ……………………………145
Wordの概要 ………………………………… 7
Wordの画面構成 …………………………… 13
Wordの起動 ………………………………… 9
Wordの終了 ………………………………… 23
Wordのスタート画面 ……………………… 10
Wordの表示モード ………………………… 17

あ

あいさつ文の挿入 ………………………… 50
新しい文書の作成 ………………………… 25
アプリ ………………………………………145
アプリの起動 ………………………………152
アプリの終了 ………………………………160

い

一括変換 …………………………………… 39
移動（ウィンドウ）…………………………157
移動（画像）…………………………………110
移動（ファイル）……………………………163
移動（文字）………………………………… 59
移動（ワードアート）………………………104
インク注釈 …………………………………176
印刷 ………………………………………… 70
印刷イメージの確認 ……………………… 68
印刷レイアウト …………………………… 17
インデントの解除 ………………………… 63
インデントの設定 ………………………… 62

う

ウィンドウ …………………………………154
ウィンドウの移動 …………………………157
ウィンドウの画面構成 ……………………154
ウィンドウの最小化 ………………………156
ウィンドウのサイズ変更 ……… 158,159
ウィンドウの最大化 ………………………155
ウィンドウの操作ボタン ………………… 14
上書き保存 ………………………………… 43

え

英大文字の入力 …………………………… 28
英字の入力 ………………………………… 28
閲覧の再開 ………………………………… 22
閲覧モード ……………………………17,18

お

オプションボタン …………………………170

か

カーソル ……………………………… 14
カーソルの移動 …………………… 52
回転………………………………111
箇条書きの設定 …………………… 67
下線の解除………………………… 65
下線の設定 ………………………… 64
画像………………………………105
画像の明るさの調整 ……………113
画像の移動………………………110
画像の回転………………………111
画像のコントラストの調整 ……113
画像のサイズ変更………………109
画像の挿入………………………105
画像の枠線の設定………………112
カタカナに変換 …………………… 36
かな入力……………………… 27,31
かな入力の規則 …………………… 31
画面のスクロール ………………… 15
漢字に変換………………………… 34

き

記書きの入力……………………… 52
記号に変換………………………… 37
記号の入力………………………… 29
起動（Windows 10）……………148
起動（Word）……………………… 9
起動（アプリ）……………………152
起動ツール………………………169
行…………………………………… 76
行の削除…………………………… 81
行の選択（タッチ操作）…………186
行の選択（表）……………………… 79
行の選択（文書）…………………… 54
行の挿入…………………………… 81
行の高さの変更…………………… 82

均等割り付けの解除 ……………… 66
均等割り付けの設定 ……………… 66

く

クイックアクセスツールバー …… 13,173
クイックアクセスツールバーのユーザー設定…173
空白の入力………………………… 29
句読点の入力（かな入力）………… 32
句読点の入力（ローマ字入力）……… 30
繰り返し（操作）…………………… 62
クリック…………………………146
クリップボード ……………………57,59
グループ…………………………169

け

罫線の色の設定…………………… 87
罫線の種類の設定………………… 87
罫線の太さの設定………………… 87
検索ボックス……………………149

こ

コピー（ファイル）………………161
コピー（文字）……………………… 57
コマンドの実行 …………………169
ごみ箱…………………………… 150,163
ごみ箱に入らないファイル……166
ごみ箱にファイルを入れる……164
ごみ箱のアイコン………………163
ごみ箱のファイルの削除 ………165
ごみ箱のファイルをもとに戻す………166
ごみ箱を空にする………………166

さ

最小化（Word） …………………… 14
最小化（アプリ） ………… 154,156,160
サイズ変更（ウィンドウ） ……… 158,159
サイズ変更（画像） ………………109
サイズ変更（表） ………………… 83
サイズ変更（ワードアート） ……104
最大化（Word） …………………… 14
最大化（アプリ） ………………154,155
再変換………………………………… 36
作業ウィンドウ …………………171
削除（行） ………………………… 81
削除（ファイル） …………………163
削除（文字） ……………………… 55
削除（列） ………………………… 81

し

字詰め・字送りの範囲 …………… 56
自動保存……………………………… 43
斜体の解除………………………… 65
斜体の設定………………………… 64
シャットダウン …………………167
終了（Windows 10） ……………167
終了（Word） ……………………… 23
終了（アプリ） …………………160
ショートカットキー ……………174
ショートカットメニュー ………174
ショートカットメニューの表示の解除…174
書式のクリア …………………… 65

す

図………………………………………105
水平線の挿入 ……………………… 93
数字の入力………………………… 28
ズーム ……………………………14,19

ズーム（タッチ操作） ………… 147,179
スクロール ……………………… 15
スクロール機能付きマウス ………… 16
スクロールバー ………………… 14
スタート画面 …………………… 10
スタートボタン …………………149
スタートメニューの確認…………151
スタートメニューの表示…………150
スタートメニューの表示の解除 ……150
ステータスバー ………………… 14
図のスタイルの適用 ……………111
図のリセット ……………………113
スピンボタン ……………………170
スペースの役割 ………………… 34
スライド ………………… 147,178
スリープ …………………………167

せ

セル………………………………… 76
セル内の配置の変更 …………… 84
セルの選択 ……………………… 78
セルの塗りつぶしの解除 ……… 89
セルの塗りつぶしの設定 ……… 89
セル範囲の選択（タッチ操作） ………186
全角………………………………… 29
選択領域…………………………… 14

そ

操作アシスト ………………… 13,187
操作の繰り返し ………………… 62
挿入（あいさつ文） …………… 50
挿入（画像） ……………………105
挿入（行） ……………………… 81
挿入（水平線） ………………… 93
挿入（日付） …………………… 48
挿入（文字） …………………… 56

挿入（列） ………………………………… 81
挿入（ワードアート） …………………… 98
ソフトウェア……………………………145

た

ダイアログボックス ……………………170
タイトルバー ……………… 13,154,170
タスクバー ………………………………149
タスクビュー ……………………………149
タッチキーボード ………………… 150,182
タッチ操作 ………………………… 147,177
タッチ対応ディスプレイ ………………175
タッチモード ……………………………175
タップ ……………………………… 147,177
タブ ………………………………… 169,170
ダブルクリック …………………………146
段落…………………………………………56
段落番号の解除…………………………… 67
段落番号の設定…………………………… 67

ち

チェックボックス ………………………170
中央揃え …………………………………… 61
長音の入力（かな入力） ………………… 32
長音の入力（ローマ字入力）…………… 30

つ

通知領域…………………………………150

て

テーマの適用 ……………………………115
デスクトップの画面構成 ………………149
テンキー …………………………………… 29

と

頭語と結語の入力 ………………………… 50
閉じる（Word） ………………………… 14
閉じる（アプリ） ………………… 154,160
閉じる（文書）…………………………… 21
ドラッグ（タッチ操作） ………… 147,180
ドラッグ（マウス操作） ………………146
ドロップダウンリストボックス………170

な

長押し ……………………………… 147,181
名前を付けて保存 ……………………42,43

に

日本語入力システム …………………… 26
入力オートフォーマット ……………50,52
入力中の文字の削除 …………………… 32
入力中の文字の挿入 …………………… 33
入力中の文字の取り消し ……………… 33
入力モード ……………………………… 26

は

ハードウェア ……………………………145
配置ガイド ………………………………104
パスワードの設定 ………………………148
バックステージビュー…………………172
バックステージビューの表示の解除…172
貼り付けのオプション………………… 58
範囲選択…………………………………… 53
範囲選択の方法…………………………… 54
半角………………………………………… 29

ひ

左インデント	62
日付の自動更新	49
日付の挿入	48
表示選択ショートカット	14
表示倍率の変更	19
表示モード	17
表スタイルのオプションの設定	91
表全体の選択	80
表内のカーソルの移動	77
表のサイズ変更	83
表の作成	76
表の書式のクリア	92
表のスタイルの適用	90
表の選択（タッチ操作）	186
表の配置の変更	86
ひらがなの入力（かな入力）	31
ひらがなの入力（ローマ字入力）	30
開く（ファイル）	11
開く（文書）	11

ふ

ファイル管理	161
ファイルの移動	163
ファイルのコピー	161
ファイルの削除	163
ファイルを開く	11
ファンクションキーを使った変換	37
フォントサイズの設定	63
フォントの色の設定	64
フォントの設定	63
複数行の選択	80
複数の範囲の選択（タッチ操作）	186
複数列の選択	80
太字の解除	65
太字の設定	64
文章の入力	48
文章の変換	38
文書の自動保存	43
文書の新規作成	25
文書の保存	42
文書を閉じる	21
文書を開く	11
文節カーソル	39
文節区切りの候補	41
文節区切りの変更	40
文節ごとの変換	39
文節単位の変換	38

へ

ページ罫線の解除	115
ページ罫線の設定	114
ページ設定	46
ページレイアウトの設定	46,69
変換	34
変換候補一覧からの選択	35
変換前の状態に戻す	34
編集記号の表示	48

ほ

ホイール	16
ポイント（フォントサイズ）	63
ポイント（マウス操作）	146
保存	42
ボタン	169
ボタンの形状	49,171

ま

マウス操作	146
マウスポインター	14
マウスモード	175

み

右クリック …………………………146
右揃え………………………………61
ミニツールバー ……………… 53,173
ミニツールバーの表示の解除 ………173

め

メモ帳の起動……………………152

も

文字の移動…………………………59
文字の均等割り付けの解除 …………66
文字の均等割り付けの設定 …………66
文字の効果………………………103
文字のコピー ………………………57
文字の削除…………………………55
文字の選択…………………………53
文字の選択（タッチ操作）…………185
文字の挿入…………………………56
文字の入力…………………………28
文字の変換…………………………34
文字列の折り返しの設定 …………107
元に戻す（縮小）……………… 14,154
元に戻す（操作）……………………55

よ

予測候補……………………………33

ら

ライブレイアウト…………………110

り

リアルタイムプレビュー ……………64
リボン ……………………… 13,169
リボンの表示オプション……………14

れ

レイアウトオプション ………………99
列……………………………………76
列の削除……………………………81
列の選択……………………………79
列の挿入……………………………81
列幅の変更…………………………82

ろ

ローマ字入力 …………………27,30
ローマ字入力の規則 ………………30

わ

ワードアート ………………………98
ワードアートの移動 ………………104
ワードアートの形状の設定 ………102
ワードアートのサイズ変更 ………104
ワードアートの挿入 ………………98
ワードアートのフォントサイズの設定…100
ワードアートのフォントの設定 ……100
ワードアートの枠線 ………………102

Romanize ローマ字・かな対応表

	あ	い	う	え	お
あ	A	I	U	E	O
	ぁ	ぃ	ぅ	ぇ	ぉ
	LA	LI	LU	LE	LO
	XA	XI	XU	XE	XO
	か	き	く	け	こ
か	KA	KI	KU	KE	KO
	きゃ	きぃ	きゅ	きぇ	きょ
	KYA	KYI	KYU	KYE	KYO
	さ	し	す	せ	そ
さ	SA	SI	SU	SE	SO
		SHI			
	しゃ	しぃ	しゅ	しぇ	しょ
	SYA	SYI	SYU	SYE	SYO
	SHA		SHU	SHE	SHO
	た	ち	つ	て	と
	TA	TI	TU	TE	TO
		CHI	TSU		
			っ		
た			LTU		
			XTU		
	ちゃ	ちぃ	ちゅ	ちぇ	ちょ
	TYA	TYI	TYU	TYE	TYO
	CYA	CYI	CYU	CYE	CYO
	CHA		CHU	CHE	CHO
	てゃ	てぃ	てゅ	てぇ	てょ
	THA	THI	THU	THE	THO
	な	に	ぬ	ね	の
な	NA	NI	NU	NE	NO
	にゃ	にぃ	にゅ	にぇ	にょ
	NYA	NYI	NYU	NYE	NYO
	は	ひ	ふ	へ	ほ
	HA	HI	HU	HE	HO
			FU		
	ひゃ	ひぃ	ひゅ	ひぇ	ひょ
は	HYA	HYI	HYU	HYE	HYO
	ふぁ	ふぃ		ふぇ	ふぉ
	FA	FI		FE	FO
	ふゃ	ふぃ	ふゅ	ふぇ	ふょ
	FYA	FYI	FYU	FYE	FYO
	ま	み	む	め	も
ま	MA	MI	MU	ME	MO
	みゃ	みぃ	みゅ	みぇ	みょ
	MYA	MYI	MYU	MYE	MYO

	や	い	ゆ	いぇ	よ
や	YA	YI	YU	YE	YO
	ゃ		ゅ		ょ
	LYA		LYU		LYO
	XYA		XYU		XYO
	ら	り	る	れ	ろ
ら	RA	RI	RU	RE	RO
	りゃ	りぃ	りゅ	りぇ	りょ
	RYA	RYI	RYU	RYE	RYO
	わ	うぃ	う	うぇ	を
わ	WA	WI	WU	WE	WO
	ん				
ん	NN				
	が	ぎ	ぐ	げ	ご
が	GA	GI	GU	GE	GO
	ぎゃ	ぎぃ	ぎゅ	ぎぇ	ぎょ
	GYA	GYI	GYU	GYE	GYO
	ざ	じ	ず	ぜ	ぞ
	ZA	ZI	ZU	ZE	ZO
		JI			
ざ	じゃ	じぃ	じゅ	じぇ	じょ
	JYA	JYI	JYU	JYE	JYO
	ZYA	ZYI	ZYU	ZYE	ZYO
	JA		JU	JE	JO
	だ	ぢ	づ	で	ど
	DA	DI	DU	DE	DO
	ぢゃ	ぢぃ	ぢゅ	ぢぇ	ぢょ
だ	DYA	DYI	DYU	DYE	DYO
	でゃ	でぃ	でゅ	でぇ	でょ
	DHA	DHI	DHU	DHE	DHO
	どぁ	どぃ	どぅ	どぇ	どぉ
	DWA	DWI	DWU	DWE	DWO
	ば	び	ぶ	べ	ぼ
ば	BA	BI	BU	BE	BO
	びゃ	びぃ	びゅ	びぇ	びょ
	BYA	BYI	BYU	BYE	BYO
	ぱ	ぴ	ぷ	ぺ	ぽ
ぱ	PA	PI	PU	PE	PO
	ぴゃ	ぴぃ	ぴゅ	ぴぇ	ぴょ
	PYA	PYI	PYU	PYE	PYO
	ヴぁ	ヴぃ	ヴ	ヴぇ	ヴぉ
ヴ	VA	VI	VU	VE	VO
っ	後ろに「N」以外の子音を2つ続ける 例:だった→DATTA				
	単独で入力する場合　LTU　XTU				

よくわかる
初心者のためのMicrosoft® Word 2016
(FPT1605)

2016年 5 月15日　初版発行
2019年 5 月13日　初版第 7 刷発行

著作／制作：富士通エフ・オー・エム株式会社

発行者：大森　康文

発行所：FOM出版 (富士通エフ・オー・エム株式会社)
　　　　〒105-6891　東京都港区海岸1-16-1 ニューピア竹芝サウスタワー
　　　　http://www.fujitsu.com/jp/fom/

印刷／製本：株式会社サンヨー

表紙デザインシステム：株式会社アイロン・ママ

- ■本書は、構成・文章・プログラム・画像・データなどのすべてにおいて、著作権法上の保護を受けています。
  本書の一部あるいは全部について、いかなる方法においても複写・複製など、著作権法上で規定された権利を侵害する行為を行うことは禁じられています。
- ■本書に関するご質問は、ホームページまたは郵便にてお寄せください。
  <ホームページ>
  上記ホームページ内の「FOM出版」から「QAサポート」にアクセスし、「QAフォームのご案内」から所定のフォームを選択して、必要事項をご記入の上、送信してください。
  <郵便>
  次の内容を明記の上、上記発行所の「FOM出版 デジタルコンテンツ開発部」まで郵送してください。
  ・テキスト名　　・該当ページ　　・質問内容(できるだけ操作状況を詳しくお書きください)
  ・ご住所、お名前、電話番号
  　※ご住所、お名前、電話番号など、お知らせいただきました個人に関する情報は、お客様ご自身とのやり取りのみに使用させていただきます。ほかの目的のために使用することは一切ございません。
  なお、次の点に関しては、あらかじめご了承ください。
  ・ご質問の内容によっては、回答に日数を要する場合があります。
  ・本書の範囲を超えるご質問にはお答えできません。　・電話やFAXによるご質問には一切応じておりません。
- ■本製品に起因してご使用者に直接または間接的損害が生じても、富士通エフ・オー・エム株式会社はいかなる責任も負わないものとし、一切の賠償などは行わないものとします。
- ■本書に記載された内容などは、予告なく変更される場合があります。
- ■落丁・乱丁はお取り替えいたします。

© FUJITSU FOM LIMITED 2016
Printed in Japan

FOM出版のシリーズラインアップ

定番の よくわかる シリーズ

■Microsoft Office

「よくわかる」シリーズは、長年の研修事業で培ったスキルをベースに、ポイントを押さえたテキスト構成になっています。すぐに役立つ内容を、丁寧に、わかりやすく解説しているシリーズです。

Point

❶ 学習内容はストーリー性があり実務ですぐに使える！

❷ 操作に対応した画面を大きく掲載し視覚的にもわかりやすく工夫されている！

❸ 丁寧な解説と注釈で機能習得をしっかりとサポート！

❹ 豊富な練習問題で操作方法を確実にマスターできる！自己学習にも最適！

■セキュリティ・ヒューマンスキル

資格試験の よくわかるマスター シリーズ

■MOS試験対策 ※模擬試験プログラム付き！

「よくわかるマスター」シリーズは、IT資格試験の合格を目的とした試験対策用教材です。出題ガイドライン・カリキュラムに準拠している「受験者必携本」です。

模擬試験プログラム

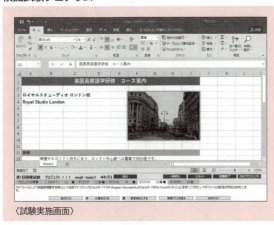

〈試験実施画面〉

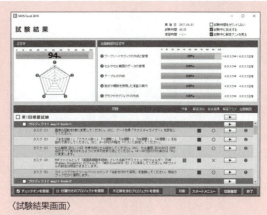

〈試験結果画面〉

■情報処理技術者試験対策

ITパスポート試験

基本情報技術者試験

スマホアプリ
ITパスポート試験 過去問題集

スマホアプリの詳細は

FOM　スマホアプリ

FOM出版テキスト **最新情報** のご案内	FOM出版では、お客様の利用シーンに合わせて、最適なテキストをご提供するために、様々なシリーズをご用意しています。 FOM出版　検索 http://www.fom.fujitsu.com/goods/
FAQのご案内 [テキストに関するよくあるご質問]	FOM出版テキストのお客様Q＆A窓口に皆様から多く寄せられたご質問に回答を付けて掲載しています。 FOM出版　FAQ　検索 http://www.fom.fujitsu.com/goods/faq/